电工与电子技术实验教程

刘 建 主 编

董 华 童立君 吕 宁 副主编

航空工业出版社
北 京

内 容 提 要

电工与电子技术实验是高校工科非电专业的一门重要实践性课程，是整个教学环节重要组成部分。本书包括电工与电子技术实验的基础知识和实验两部分。实验内容包括 12 个电工技术实验，8 个模拟电子技术实验，7 个数字电子技术实验，7 个综合设计性实验。读者可根据实际情况进行选择。部分实验内容可用 Multisim 等电路仿真软件进行。

本书适合于高校工科非电专业电工学课程的实验教学。

图书在版编目（CIP）数据

电工与电子技术实验教程/刘建主编. —北京：航空工业出版社，2010.2

ISBN 978 - 7 - 80243 - 440 - 0

Ⅰ．电… Ⅱ．刘… Ⅲ．①电工技术—实验—高等学校—教材②电子技术—实验—高等学校—教材 Ⅳ.

TM - 33 TN - 33

中国版本图书馆 CIP 数据核字（2010）第 014074 号

电工与电子技术实验教程
Diangong yu Dianzi Jishu Shiyan Jiaocheng

航空工业出版社出版发行
（北京市安定门外小关东里 14 号 100029）
发行部电话：010 - 64815615 010 - 64978486

北京地质印刷厂印刷	全国各地新华书店经售
2010 年 2 月第 1 版	2010 年 2 月第 1 次印刷
开本：787×1092 1/16 印张：9.75	字数：232 千字
印数：1—6000	定价：18.00 元

前　言

　　电工与电子技术实验是高校工科非电专业的一门重要实践性课程，是整个教学环节中的重要组成部分。本实验教程是在南昌航空大学电工电子实验中心教师多年进行课程和实验改革的基础上编写的，内容包括电工学实验必备的基础知识和电工电子实验两部分。实验中既有经典验证性实验，也有反映最新技术的综合设计性实验及硬件实验和软件实验。经典验证性实验可以帮助学生巩固、加深理解所学的知识，培养实践技能和动手能力；综合设计性实验可以培养学生面向工程问题的思维方法和设计能力。

　　本实验教程内容覆盖面广，包括测量知识、常用实验仪器仪表、Multisim 电路仿真软件及实验注意事项等，具体实验内容包括 12 个电工技术实验，8 个模拟电子技术实验，7 个数字电子技术实验，7 个综合设计性实验。教师可根据实际情况适当选择。部分实验内容可采用 Multisim 等电路仿真软件进行。为了反映电工电子技术的最新发展，本教程还编写了可编程控制器（PLC）实验和采用 Multisim 电路仿真软件的计算机仿真实验等反映最新技术的内容，这两类实验都是属于软件方面的设计实验。

　　本教程的基本实验部分在南昌航空大学使用了十多年，其间，经过两次较大的修改和补充；可编程控制器（PLC）实验和计算机仿真实验已使用了 3 年，获得了良好的教学效果。

　　本书由刘建主编，董华、童立君、吕宁副主编，参加编写的还有周晋军、程东方、周瑜晗、龙佳丽等。我们在此还致谢对本书做出贡献的陆秉娟、周学良、张立生、吴相初等同志，并特别感谢彭玉玲为本书的出版所给予的大力支持。本书由杨小芹主审，感谢她为本书的初稿提出了很好的意见。

　　由于编者水平有限，以及编写和出版时间仓促，书中难免存在错误和不妥之处，敬请读者批评指正。

编者

2010 年 1 月于南昌航空大学

目　录

绪　　论

0.1　电工与电子技术实验课的作用和要求

电工与电子技术实验课是理论与实际密切联系的一门重要课程，是培养和训练实验技能重要的实践性环节。通过这一实践性环节的训练，巩固和加深理解所学的基础理论知识，培养工程意识、实践创新能力和科研能力。通过本实验课程的训练应达到下列几点：

（1）正确使用常用电工仪表、电子仪器和电器设备。

（2）具备能按电路图正确接线和检查线路故障及排除故障的能力。

（3）能选择正确的测量方法和正确的操作。

（4）具备准确读取实验数据，测绘波形曲线，分析实验结果，编写整洁的实验报告的能力。

（5）能正确选用电子元器件，初步具备进行设计性、综合性实验的能力。

（6）具备一般的安全用电知识。

0.2　电工与电子技术实验规则

电工与电子技术实验规则主要有以下几点：

（1）实验课前必须认真阅读实验指导书，明确实验目的，熟悉实验原理、方法、内容与步骤。了解仪器、仪表的使用方法。要认真完成预习思考题，写出实验预习报告。

（2）接好线路后，要认真复查，经教师检查同意后，方可接通电源。

（3）实验中要认真测量与记录各项实验数据，仔细观察、记录各种实验现象和规律。

（4）实验过程中，如发现仪器设备有冒烟、焦味、异响、漏电等异常现象，应立即切断电源，保持现场，报告教师检查处理。

（5）实验结束，预习报告和实验数据经教师检查签字后方可拉下电闸拆线，整理好实验场地、器材后才能离开实验室。

（6）实验报告是整个实验的重要组成部分，是评定实验成绩的重要依据之一，必须认真及时地完成。实验报告采用统一实验报告格式认真书写，实验报告包含具体内容要求如下：

①实验目的。

②实验原理图。

③实验仪器设备。

④实验内容与步骤。

⑤实验数据及分析。

⑥实验总结。

⑦思考题。

（7）遵守实验室规章制度，严禁动用与本次实验无关的仪器设备。

（8）保持实验室整洁和安静。

0.3 安全用电与安全操作规程

为了确保人身和仪器设备安全，防止触电事故发生，实验前应熟悉安全用电常识，并在实验过程中，严格遵守安全用电制度和操作规程。

（1）安全用电

在电工与电子技术实验过程中，需要使用电源、电子仪器设备并进行实验操作。人体是导体，当人体不慎触及电源或带电导体时，电流流过人体，以致使人受到伤害。这种伤害有两类——电击和电伤。电击是指电流通过人体，造成体内器官组织局部损坏，通电时间过长就会有生命危险；电伤是指电对人体的外部伤害，如电弧烧伤、金属溅伤等。电击对人的伤害程度与通过人体电流的大小、通电时间的长短、电流流过人体的途径、电流的频率以及人体健康状况等因素有关。通过人体的电流取决于外加电压和人体电阻，根据研究结果，当人体皮肤有完好的角质外层且很干燥时，人体电阻大约为 $10^4 \sim 10^5 \Omega$。当角质外层遭到破坏时，人体电阻降至 $800 \sim 1000\Omega$。如果通过人体的电流在 50mA 以上，就有生命危险。一般说来，人体接触 36V 以下的电压时，通过的电流不致超过 50mA，所以把 36V 的电压作为安全电压。50Hz 工频交流电是比较危险的。当人体如果有 1mA 工频电流流过时就有不舒服的感觉；若有 50mA 的电流流过时就可能发生痉挛、心脏麻痹；如果时间过长就会有生命危险。

（2）安全操作规程

①实验室动力配电总电闸，未经批准不能擅自合闸。

②先接线再通电源，先断开电源后再拆线。严禁带电接线、拆线、改线或插换元器件。

③接线完毕，要认真复查电路，并检查各实验设备实验前的准备情况。如仪器和仪表功能开关旋钮的选择是否符合被测量对象和量程要求，变阻器是否调到阻值最大位置上，调压器是否调到无输出电压的位置上。

④合电源闸前要经教师和同组实验人员的允许。实验开始操作前应告诉同组实验人员，组员之间要互相密切配合。

⑤接通电源后，不能用手触及电路中的裸露部分，不能有空甩线头现象，特别是强电实验中。

⑥实验中，要随时注意监视仪器、仪表和电器设备有无异常现象，如指针反偏转、冒烟、焦糊味、保险丝断、过热、漏电等，一旦发现应立即断电检查，并报告教师。

0.4　基本实验技能

电工与电子技术实验操作中，需要具备的基本实验技能如下：

（1）接线要求

①合理安排仪表元器件的位置，做到接线牢固、检查容易、操作方便、安全可靠。

②连接串联电路时，应按线路图从一端开始，顺序连接仪器和仪表；连接并联电路时，先连接好一条支路，再将其他支路并接上去，电源线最后连接。电机控制电路应先接主电路，再接控制支路，主电路电流大用粗导线，控制电路电流小选用细导线。

③交流信号要采取屏蔽线，连接时先将外层屏蔽接地，然后再接芯线，拆线时相反。

④在数字电路实验箱的多孔插座板上布线时，要整齐清晰，便于检查；引线不要跨过集成电路，以免妨碍更换集成块。

（2）测量方法

首先明确被测量的性质是交流、直流、正弦、非正弦，被测对象是电压、电流、功率等。然后选择合适的测量方法及相应的测量仪器仪表。例如：

①电压表在测量时和被测电路并联。

②电流表在测量时必须串联在电路中。

③欧姆表在测量时必须断电后进行测量。

④尽可能选用小量程仪器和仪表，但要大于被测量数值。

（3）正确使用仪表

①合理选择仪表量程。测量时，如果所选仪表指针偏转大于 2/3 满量程时较为合适。同一量程中，指针偏转越大越准确。

②仪表量程与表盘标出的刻度一致时，可以直读；不一致时，可读出分刻度格数，再乘以量程与满刻度值之比进行换算。

③读取读数时眼睛视线应与电表刻度盘垂直、平视。对于刻度盘带镜子的仪表，应该当指针与镜中针影重合时读取读数，以求准确。

（4）使用仪器设备的一般方法

①了解设备的名称、铭牌、规格以及接线端的意义和作用。

②了解设备的电压额定值是否与电源电压相符合，如不符合，必须采取变压、限流或改变接法等措施，使外加电压和设备额定值相符合，并经指导教师同意后接通电源。

③了解设备使用参数的极限值。必须保证实际值小于极限值，不能超限使用。

④使用前要掌握仪器设备的使用注意事项。

⑤了解面板上各旋钮或按钮的位置和作用。对于没有注明挡级的平滑调节旋钮，应

轻轻旋动，旋到尽头时，切勿大力拧动，以免损坏；严禁无意识地转动旋钮。

⑥各种交直流电压源、信号发生器的输出端不能短路。

（5）合理选取数据点

凡曲线变化急剧的地方选点密，变化缓慢处选点疏——这样选取点少而又能真实反映客观情况。实验曲线的选点可通过测量作图了解被测量的变化趋势来确定。

第1章 基 础 知 识

1.1 测量基本知识

1.1.1 测量的基本概念

电工与电子技术实验中总是要测量电路中各个参数和电量。所谓测量就是把被测量与同种类的作为单位的标准量进行比较的实验过程。标准量都是根据测量单位复制成的标准实物，称为量具。它可以是测量单位的分数复制实物，也可以是测量单位整数倍的复制实物。例如，米尺就是长度的量具，安培表、毫安表、微安表是电流的量具。此外为了进行较复杂的测量实验，还需要相应的仪器和技术工具，这些统称为测量设备。国际上有统一的标准实物，由国际组织保存。

1.1.2 测量方式

（1）直接测量

人们在测量时，将被测量直接与量具进行比较，或是直接与能表示出同类量单位的刻度进行比较而测量出被测量的结果来，就叫做直接测量。例如，用尺子量长度，用伏特表测电压等。直接测量的优点是简单、方便。

（2）间接测量

当被测量的数值不是用直接测量法直接测出，而是需要进行多次测量才能测出的数据，并且还要通过一定的函数关系进行运算后才能得到被测量的数值，这叫做间接测量。间接测量的优点是：有较高的测量准确度，因此在要求测量准确度高的时候，往往使用间接测量法进行测量。例如，用电桥法测量电阻等。

（3）组合测量

若被测量有多个，它们彼此之间又具有一定的函数关系，并能以某些可测量的不同形式表示，那么可先通过直接或间接方式测量这些组合量的数值，再通过联立方程求得未知的被测量的数值。

1.2 测量误差及分析

1.2.1 绝对误差和相对误差

任何一个被测量都客观存在着一个具体的数值，这个数值称为该被测量的真值。真值是客观存在的，但又往往是未知的。

测量过程实际上是通过人们的感觉器官和测量设备将被测量与量具进行比较的过程。因此由于人们感觉器官的局限性，测量方法的不完善和测量设备的不准确，以及客观环境对测量的影响等因素，使被测量的测得值总是偏离被测量的真值而产生失真，这种失真就叫做误差。

误差的大小，说明了测量准确度的高低，误差越大，测量准确度越低。测量准确度是指测得值偏离真值的程度。

根据误差的表示形式和意义可分为绝对误差和相对误差。

（1）绝对误差

被测量的测得值（真值的示值）X，与其真值 X_0 之间的差值 ΔX 称作绝对误差。即：

$$\Delta X = X - X_0 \tag{1-1}$$

式中 X_0 是被测量的真值，由于真值通常是未知的，人们在测量中都要采用各种测量手段确定一个近似于真值的实际值作为标准。当实际值的误差远小于测得值误差时，实际值的误差可以忽略，人们就把实际值作为近似的真值。

例 1-1　某一被测量为电压，用伏特计测量得值 $U = 100\text{V}$，而用标准表精确测出实际值 $U_0 = 101.5\text{V}$，则该电压测量时的绝对误差为：

$$\Delta U = U - U_0 = 100 - 101.5 = -1.5 \text{ （V）}$$

例 1-2　某被测量为电阻，它的标称值 $R = 1000\Omega$，用标准仪表精确测出实际值 $R_0 = 1050\Omega$，则该电阻的绝对误差为：

$$\Delta R = R - R_0 = 1000 - 1050 = -50 \text{ （}\Omega\text{）}$$

（2）相对误差

绝对误差表明了被测量在测量中测量误差的大小和方向（符号），突出了测量误差的范围，但不能表明测量（或测量设备）的准确度。

例 1-3　实际值 $u_0 = 1.5\text{V}$ 的被测电压，测得值 $u = 0.75\text{V}$。可见测得值比实际值小了一半，显然测量的准确度比例 1-1 低得多，但它的绝对误差：

$$\Delta X = X - X_0 = 0.75 - 1.5 = -0.75(\text{V}) \tag{1-2}$$

却比例 1-1 的绝对误差 $\Delta U = -1.5\text{V}$ 小了许多。

因此人们通常用每个单位量的平均绝对误差 ΔX 来评价测量（或测量设备）的准确度，这叫做相对误差（γ），并用百分数表示，它等于绝对误差与实际值之比，即：

$$\gamma(\%) = \frac{\Delta X}{X_0} \cdot 100\% \approx \frac{\Delta X}{X} \cdot 100\% \tag{1-3}$$

相对误差越小，准确度越高。相对误差只有大小、方向（符号），没有量纲。

相对误差，可以表明测量结果的准确度，还可以对测量方法进行比较和评价，例如对例 1-1、例 1-3 的测量方法进行比较和评价。此外还可以表明测量设备的准确度。

1.2.2　仪表的引用误差

由于被测量的实际值是大小不一的，即使仪表的绝对误差在标尺的全长上保持恒定，当被测量的实际值愈小时，它的相对误差就愈大。当被测量实际值趋向 0 时，它的相对误差可以趋向无穷大。这样就很难表明仪表的准确度。在实际工作中为了划分仪表的准确度等级以供比较和选用，还常选取仪表的测量上限（标尺满刻度值）X_m 作为分母，选取可能出现的最大绝对误差 ΔX_m（绝对误差在标尺范围不可能是恒定的）作为分子并以百分数表示。这样表示的误差称为仪表的引用误差 γ_n，即：

$$\gamma_n = \frac{\Delta X_m}{X_m} \cdot 100\% \qquad (1-4)$$

式中：ΔX_m——可能出现的最大绝对误差；

$\quad\quad\ X_m$——测量仪表刻度标尺的满刻度值。

根据国标 GB 7676—1987 规定，指针式仪表用引用误差表示仪表的基本误差（在规定的条件下可能出现的最大误差）。仪表各量程的引用误差不允许超出准确度等级的数值。表 1-1 给出了电流表、电压表的 11 个准确度等级及每个等级所对应的基本误差。

表 1-1

准确度等级	0.05	0.1	0.2	0.3	0.5	1.0	1.5	2.0	2.5	3.0	5.0
基本误差（%）	±0.05	±0.1	±0.2	±0.3	±0.5	±1.0	±1.5	±2.0	±2.5	±3.0	±5.0

功率表和无功率表分为 10 个等级，分别为 0.05、0.1、0.2、0.3、0.5、1.0、1.5、2.0、2.5、3.5 级。

相位表和功率因数表分为 10 个等级，分别为 0.1、0.2、0.3、0.5、1.0、1.5、2.0、2.5、3.0、5.0 级。

其他如电能表及其比较仪器的准确度等级和对应的基本误差国家另有标准规定。

应当注意的是，仪表的准确度等级绝不是测量结果的准确度。因为测量结果的准确度与被测量的实际值大小有关，根据式（1-3）可见：即使是仪表的绝对误差在全刻度范围是均衡的（都等于 ΔX_m），如果被测量的实际值大，则相对误差小，测量准确度高；如果被测量的实际值小，则相对误差大，测量准确度低。而实际上仪表的绝对误差在全刻度范围内不可能是均衡的，有大、有小、有正、有负，是随机的。但一般都小于仪表的最大绝对误差 ΔX_m。因此仪表的引用误差只是给定了工具误差的最大范围（可能出现的最大绝对误差 ΔX_m）。只有当被测量实际值等于该量程值，并且在刻度尺量程处的实际绝对误差又等于仪表的最大绝对误差 ΔX_m 时，仪表的引用误差才正好等于被测量的最大相对误差。

因此选择量程时，应尽量选择小量程，使得指示值尽可能接近量程位置。

引用误差给出了工具误差最大的范围，是估算测量结果的依据之一。

1.2.3 测量误差的分类

人们进行测量时不可避免地要产生误差，而误差又是可以减少和部分消除的。因此，我们要对误差的来源和产生原因进行分析、研究，从而找出合理的测量方法，尽可能地减少或部分消除误差。按照误差的性质，误差可分为粗大误差、偶然误差和系统误差。

（1）系统误差

这种误差是由于测试设备的不准确，环境的影响，测量方法的不完善和测量人员生理上的习惯特点所造成的。在相同的测试条件下，多次测量同一个被测量时，误差的出现有一定的规律并趋向一个恒定值，或按一定的规律变化，所以这种误差又叫做规则误差。

（2）偶然误差

这种误差是在相同测试条件下，多次测量同一个被测量时出现的误差。它的特点是围绕着一个中心，时大、时小、时正、时负，没有一定的规律，它的出现完全是由于偶然的原因。例如外界温度的偶然起伏，磁场、电场的偶然微变，电源的电压、频率的偶然波动，测试人员感觉器官的偶然变化等一些互不相干的独立因素造成的。它是随机的，所以这种误差又叫做随机误差。

（3）粗大误差

这种误差是多次测量时出现的、明显的、歪曲了测量结果的特大误差。它是由于测试人员的精力不集中、粗心大意、错误操作，或使用有毛病的设备，或读错、记错、算错测量数据等原因所造成的。所以这种误差又叫做过失误差或疏失误差。

在实际测量中，真值是无法测得的，测得值总是存在误差。但随着测量技术的不断发展和日益完善，我们可以采取正确的测量方法来减少或部分消除各种误差，提高测量的精确度。

1.2.4 减小误差的方法

（1）减小系统误差的方法

系统误差的大小，直接影响着测量的准确度，作为一个测试工作者，必须根据测量的准确度要求认真分析、研究实际问题，找出产生误差的原因，尽可能地减少或部分消除系统误差的影响。

根据系统误差的来源，可以分为工具误差、方法误差、环境误差和人员误差四类。

①减小工具误差的方法

a. 合理选择仪表准确度等级

工具误差是由测试设备本身的准确度等级决定的。它是由于测试设备制造上的不准确和内部结构、质量上的缺陷造成的。因此，首先要根据测量的要求正确选用仪表的准确度等级。

b. 正确选择量程

正确选用仪表的量程，这一点更具有实际意义。因为仪表的准确度等级是用引用误差表示的，而引用误差是以量程为分母的。

当被测量实际值小于量程时，可能出现的最大相对误差将大于仪表引用误差；当被测量实际值趋于零时，其相对误差将趋向无穷大。因此，选择仪表量程时，只要量程略大于被测量实际值的情况下越小越好，也就是使指针偏转越接近量程，准确度越高。

实际上，准确度相同的仪表，在不同量程时的最大绝对误差是不一样的。量程越大，其最大绝对误差也越大，这是因为指针偏转弧长的最大误差 ΔX 一定时，量程越大，该 ΔX 所代表的数值就越大，即可能出现的最大误差越大，测量准确度也越低。

例 1-4 已知 500 型万用表直流电压挡准确度等级为 2.5 级，试计算 10V 量程与 100V 量程的最大绝对误差。

解：根据引用误差定义，由式（1-4）得：

对于 10V 量程，

$$\Delta X_m = X_m \cdot \gamma_n = 10 \times (\pm 2.5\%) = \pm 0.25(V)$$

对于 100V 量程，

$$\Delta X_m = X_m \cdot \gamma_n = 100 \times (\pm 2.5\%) = \pm 2.5(V)$$

可见 100V 量程的最大绝对误差将比 10V 量程大 10 倍。因此选用仪表量程时，应尽可能地选用小量程。

c. 采用校正法减少工具误差的影响

准确度较高的仪表，在表盘面或使用说明书中给出了标尺各示值的校正数据，或给出了校正曲线，写出了校正公式。在要求准确度的场合可利用这些资料找出校正值进行误差校正。

例 1-5 示值 $X = 0.5A$ 的电流，在校正表格中查得 0.5A 示值处校正值为 $-0.005A$，问被测量的实际值是多少？

解：设实际值 X_0，示值为 X，校正值为 C。

则根据校正值的定义，可列出公式：

$$C = X_0 - X$$

式中：X_0——实际值；

X——示值；

C——校正值。

则可以得出实际值 X_0：

$$X_0 = X + C = 0.5 - 0.005 = 0.495(A)$$

d. 采用替代法减少工具误差的影响

在测量过程中，记录测量指示值（指针位置），然后以一个可调节的标准量代替被测量再进行测量，测量过程只调节替代量的数值，使仪表的指针停留在原先的示值位置，这样，替代量的数值就等于被测量的数值。显然测量的准确度只与替代量的准确度有关，只要替代量准确度等级高于仪表准确度等级就可以减少工具误差。

e. 替代法模拟电路参数

例如模拟有源二端网络的等效电压源。先用仪表测出开路电压 U_0，然后调节稳压电源，使输出指示值 $E_0 = U_0$。显然电压表和稳压源输出指示仪表的工具误差都将影响测量准确度。

采用替代法，是先测量被模拟电路开路时的电压 U_0，记住指针位置；然后用该电压表检测稳压电源输出电压，调节稳压电源，使电压表指针位置与前相同，这样就消除了仪表工具误差的影响。

②减小方法误差的方法

方法误差是由于测量方法的不完善或所依据的理论计算公式的不准确，而实际存在，却又未能反映出来的那部分误差。例如，测量仪表的表头，是由导线制成的线圈，而线圈都具有一定的电阻；此外仪表还要满足各种量程的测量要求，需要配置各种分流电阻和倍压电阻，这些电阻就构成了仪表的内阻。而人们测量电流的方法，是将电流表串联在被测电路中，这样就相当于在被测电路中串联了一个电阻（仪表内阻），而使被测电路的总电阻增大。显然，测得的电流值将比未串联电流表的实际值偏低。同样，人们测量电压的方法是将电压表并联在被测电路两端，这样就相当于在被测电路两端并联了一个电阻（仪表内阻），而使被测电路的电阻变小。这样所测得的电压值将比未并联电压表时的实际值偏低。

像这样由于测量方法不完善，仪表内阻被忽略了，但仪表内阻又确实存在，给测量结果带来了误差，这部分误差就是方法误差。又如在 RLC 振荡电路中，测量电阻上的电压时，是测量电阻 R 两端的电压。实际上被测电路中的电感线圈不仅具有电感 L，而且具有一定的电阻 R_L，但 R_L 上的电压未能测出，由此引起误差也是方法误差。

由上面分析可知，电流表内阻越小，电压表内阻越大，其方法误差就越小。显然仪表量程越大，其方法误差就越小。但另一方面，由于量程增大，仪表的工具误差也增大了，这就要具体分析误差主要成分是什么，从而合理地选择量程。

方法误差来源较广，没有统一的规律可循，只能根据产生方法误差的原因，采取相应的措施，消除和减少其对测量结果的影响。

a. 换量程测量法减小方法误差

换量程测量法是一种间接测量法，它适用于消除由仪表内阻引起的方法误差。该方法是基于仪表的不同量程具有不同的内阻，在接入电路时，通过使电路处在不同的状态，根据电路理论列出各种状态的电路方程，运用计算消去内阻，求出被测量的数值。这样就消除了仪表内阻引起的方法误差。

例 1 – 6　使用 500 型万用表，测量某电路中 a、b 两点间的电压。若选用 250V 量程测量时，示值是 25V；改为 50V 量程测量时，示值是 15V。试分析误差的主要来源，试用换量程测量法测出 U_{ab} 实际值。（万用表灵敏度 20kΩ/V）

解：量程越大（内阻也越大），示值越大，显然是仪表内阻引起的方法误差，采用换量程测量法。测量对象是电压，应简化为等效电压源的测量电路。

设 E_0 为等效电压源，R_0 为等效电压源的内阻，R_V 为仪表内阻。

列电路方程：

用 250V 量程测量时，$E_0 = U_1 + \dfrac{U_1}{R_{V1}} R_0$　　　　　　　　　①

用 50V 量程测量时，$E_0 = U_2 + \dfrac{U_2}{R_{V2}} R_0$　　　　　　　　　②

已知：250V 量程，$U_1 = 25V$，$R_{V1} = 250V \times 20k\Omega/V = 5M\Omega$

　　　50V 量程，$U_2 = 15V$，$R_{V2} = 50V \times 20k\Omega/V = 1M\Omega$

代入式①、式②得：$E_0 = 25 + \dfrac{25}{5 \times 10^6} R_0$

$$E_0 = 15 + \frac{15}{10^6}R_0$$

由式①、②式得知： $\qquad\qquad E_0 = 30(\text{V})$

则 U_{ab} 的实际值是 30V。

若直接测量， $U_{ab} = \dfrac{1}{1 + \dfrac{R_0}{R_V}}$ ， $\dfrac{R_0}{R_V}$ 值越大，测量误差就越大。

b. 内接安培计法和外接安培计法减小方法误差

正确连接电路，可以有效地减少仪表内阻引起的方法误差。内接安培计法和外接安培计法是同时测量电压和电流时两种不同的测量电路。内接安培计法是将安培计串联在伏特计与被测电路的内侧，外接安培计法是将安培计串联在伏特计与被测电路外侧。

内接安培计法和外接安培计法的基本原理是将被测电路的电阻，与测量仪表的内阻，进行比较分析，找出产生方法误差的主要来源，然后选取相应的测量电路，以减少方法误差。

c. 用校正法减小方法误差

校正法是根据校正值来修正测量结果，以提高测量准确度的方法。校正值可以从元器件设备说明书中查得，也可以用测量的方法对电路参数进行分析计算求得。

例如，在 RL 串联电路中要测量网络电阻两端电压，由于电感线圈中不仅有电感 L，还有电阻 R_L，而电压表只测出电阻两端的电压 U，这样线圈中的电阻 R_L 就产生了方法误差。

线圈中的电阻 R_L 可以从说明书中查得，或用测量的方法测得，再根据电路参数计算出校正值。

由上例可以看出电感线圈电阻 R_L 两端的电压为：

$$\Delta U = \frac{U}{R}R_L = \frac{R_L}{R}U \qquad\qquad (1-5)$$

式中，ΔU 是方法误差，也是校正值。

则由式（1-2）可得网络电阻两端电压实际值 U_0：

$$U_0 = U + \Delta U = U + \frac{R_L}{R}U = U\left(1 + \frac{R_L}{R}\right) \qquad\qquad (1-6)$$

这样就消除了由 R_L 引起的方法误差。

③环境误差减小方法

仪表的准确度等级是在规定的环境下制定的。进行精密测试时，需要严格按国家标准规定进行。在实验室测试和工业测试中，一般要注意仪表的正确放置（表面上有标记符号），要远离附近的强电场、强磁场和发热源，各仪表之间不能靠得太近，测大电流时，两导线要平行靠近。此外，还可以将仪表转 180°重测一次，取两次测量数据的平均值以消除外界某些因素的影响。

④人员误差减小方法

首先是精力集中，认真细心地进行测试实验，仪表使用前要细心调好零点。读数时，单眼观测刻度，视线要垂直表面读取数据。精准度等级较高的仪表，表面上大都有反光镜，读数时要使指针与镜内影子相重合。此外，还可以通过反复测试，或换人测试消除测试人员由于生理上和习惯上的特点造成的误差。

总之，系统误差是可以通过各种方法发现和排除的。如果想要得到准确的测量结果，就要分析误差来源，对症下药，采取相应措施来消除和削弱各种误差。

各物理量的真值虽然是无法知道的，但随着科学进步、测量技术的不断发展和日益完善，以及人们对客观的认识不断深入，是能够越来越近似地测量出物理量的真值的。

（2）偶然误差及其削弱方法

偶然误差是偶然因素造成的，不管测试人员多么认真、细心；测量设备多么完善、准确，对同一被测量反复多次测量，数据总不太相同。它的出现是无规律的，但多次反复测试的一组数据，却又是有规律的，其特点是：

①误差有大、有小、有正、有负、有零，且大误差出现次数明显比小误差出现次数少。

②随着测量次数增多，绝对值相等、符号相反的误差数量趋向相等，且误差的代数和趋近于零。

不难看出，当测试次数增至无限时，偶然误差的代数和等于零。此时所有测量值的算术平均值 $\bar{X}$ 就是被测量的真值。

因此，在有限次测量中，假定消除了系统误差，计算的算术平均值 $\bar{X}$，就是被测量真值的近似值，即实际值 $\bar{X}_0$。

偶然误差在总误差中占的成分较少，一般工业测试中可不予考虑，但在计量、鉴定、检测等精确测量时，应加以消除。反复测试次数越多，其算术平均值越接近被测量的真值，偶然误差也就越小。测量值与算术平均值之差，称为偏差，也叫误差。

（3）减小粗大误差的方法

粗大误差是人为的误差。由于粗大误差的数值有明显的失真和粗大，它很容易被发现，因此也完全有可能予以消除。

消除的方法是对于已判定为粗大误差的测得值统统认定为坏值，在测量结果中剔出、舍去，即可消除其影响。

为了辨认出坏值，实验人员必须首先在测试前进行分析和估算，做到心中有数；其次在测量中反复测量，并将各测得值进行分析比较。在实验中当发现误差较大时，应反复测量或换人测量，或换用别的测试设备进行测量，或改用别的测试方法进行测量。

为了防止粗大误差的出现，实验人员必须精力集中，认真仔细地进行测试。测试前要对测试设备进行仔细、严格检查，确认是完好、可靠后，才能进行测试。

1.3 测量结果误差估算

根据误差分析，可以找出消除误差的方法和途径，以提高测量的准确度，但消除误差只是局部的消除，要想完全消除误差是不可能的。

例如，采用替代法消除工具误差，虽然可以消除仪表的工具误差，但替代本身的工具误差是消除不了的；又如采用校正法消除工具误差，它的校正曲线或校正公式本身就有工具误差和方法误差等。

因此没有误差的测量是不存在的，测量结果不准确是绝对的，准确是相对的。

人们测量的结果是否准确，准确到什么程度；是可以信赖，还是不可信赖的，这就需要对测量结果的误差进行分析和估算。

1.3.1 影响测量准确度的各种误差

影响测量准确度的误差主要有：系统误差（工具误差（校正值）、方法误差、环境误差、人员误差）、偶然误差、粗大误差和仪表的引用误差。

1.3.2 测量结果的误差成分分析

（1）粗大误差

粗大误差是过失误差，在测量中不允许出现，一旦出现，也是作为坏值，从测量数据中剔除。所以测量结果中，不考虑粗大误差的影响。

（2）偶然误差

偶然误差是影响测量数值的离散性，在测量结果总误差中，所占成分是较少的。因此在一般的工业测量中，可不考虑，而在计量检定等精确测量中，应该通过反复测试予以消除。

（3）系统误差

系统误差来源较广，根据具体测量对象和测量手段，有时很小，有时很大。对于比较明显和突出的误差，应采取各种措施消除它对测量结果的影响。

在系统误差中，人员误差不仅与人员的测量技术、熟练程度和生理特征有关，还与仪表刻度的最小分度数值有关。例如，示值在第二格和第三格之间，它的最大度数误差，充其量也不会超出 ±0.5 格。

若分格较细（100 等份）引起的度数误差就更小（ ±0.05）；若分格较粗（10 等份）则引起的度数误差就大（ ±0.5）。

（4）引用误差

引用误差是以可能出现的最大工具误差来计算的，它表示了工具误差的最大范围，这个数值比较保守，它是测量结果误差的重要成分，不论是精密测量还是一般工业测量，都要认真考虑它的影响。

1.3.3 测量结果的误差估算

根据以上分析，在一般情况下，测量结果的误差 $\Delta_测$ 由下面两部分组成，即：

$$\Delta_测 = \Delta_引 + \Delta_读 \tag{1-7}$$

式中：$\Delta_引$——仪表最大绝对误差（根据引用误差计算）；

$\Delta_读$——最大读数误差（以 ±0.5 格计算）。

由于引用误差和读数误差比较保守，在误差计算时，可忽略其次要成分。

例如：$\Delta_{引} = \pm 0.5$，$\Delta_{读} = \pm 0.1$

则取 $\Delta_{测} = \Delta_{引} = \pm 0.5$ 即可。

在工业测量中，一般的 $\Delta_{引}$ 都大于 $\Delta_{读}$，只有精密测量中，仪表的准确度等级高，$\Delta_{读}$ 就不可忽略。

又如，有的仪表不标出准确度，在测量时，只有仪表的示值 A 和测量结果误差 $\Delta_{读}$，此时 $\Delta_{测} = \Delta_{读}$。那么测量结果 A_0 为：

$$A_0 = A \pm \Delta_{测}$$

由上式可知测量结果的范围：

$$A + \Delta_{测} \geqslant A_0 \geqslant A - \Delta_{测}$$

测量结果的相对误差为：
$$\gamma_A = \frac{\Delta_{测}}{A} \cdot 100\% \qquad\qquad (1-8)$$

式（1-8）中 γ_A 表示测量结果的准确度。

影响测量结果的因素是多方面的，比较复杂的，没有一定的规律可循，测量人员只能根据测量对象、测量条件和测量手段具体分析和估算。

第 2 章　电工技术实验

实验 1　万用表的使用

1. 实验目的

（1）掌握万用表测量交、直流电压，直流电流和电阻的方法；了解万用表的基本误差计算。

（2）掌握直流电压电源的使用方法。

2. 实验原理

（1）直流电压的测量

万用表的直流电压挡，是由磁电式表头，加上不同的倍压电阻，组成不同量程的测量电路。准确度 2.5 级，灵敏度为 $20000\Omega/V$。

测量电压时，电压表必须与被测电路并联。电压表的内阻愈高，从被测电路中所取的电流愈小，对被测电路影响愈小。用万用表电压挡的灵敏度表示这个特征，即电压挡的灵敏度为 $\dfrac{R_n}{u_n}$，其中 R_n 为所选电压量程挡的电阻，u_n 为所选电压的量程。灵敏度公式说明每伏欧姆值越大，电压表的灵敏度越高，对被测电路的影响越小。

直流电压表的读数见表盘上的 ⌣（0～50 或 0～250）标度尺。被测电压的实际读数为标尺上的读数 0～50（或 0～250）之间刻度数乘以量程/满刻度值 50（或 250）。例如：转换开关设置在 ≚ 和 10V 量程挡上，而表的指针在标度尺 0～50 的 30 处，则此时的直流电压读数为 $30 \times 10/50 = 6$（V）。

（2）直流电流的测量

万用表的直流电流挡，是由磁电式表头，加上若干个环形分流电阻，组成不同量程的测量电路。准确度 2.5 级。

测量电路中的电流时，电流表必须串联在被测支路中。被测电流通过表头时因表头存在内阻会产生电压降，此压降改变了电路的工作电流，因而造成测量误差。万用表电流量程愈小，电表的内阻愈大。为减小电表内阻造成测量误差，可选大一挡的量程。但过大的量程，因指针偏转角度小及刻度等原因会引入读数误差。万用表直流电流挡各挡的内阻：500mA 挡为 1.5Ω、100mA 挡为 7.5Ω、10mA 挡为 75Ω、1mA 挡为 750Ω、50μA 挡为 $15k\Omega$。

15

（3）交流电压的测量

万用表的交流电压挡，是由磁电式表头，加上二极管半波整流电路，以及不同的倍压电阻组成不同量程的测量电路。准确度5级，灵敏度为4000Ω/V。

万用表测量交流电压时，表盘刻度已折算为正弦交流电的有效值。因此，万用表只能测量正弦交流电压，其频率适用在45~65~1000Hz范围内。测量交流电压的方法及读数与直流电压的测量及读数方法相同。如所测交流电压在10V以上时，共用直流电压的标度尺。在测量小于10V的交流电压时，由于二极管的非线性影响，万用表专设了一条标度尺，用于读取较低的交流电压，避免引入读数误差。

（4）电阻的测量

万用表的欧姆挡，是在磁电式表头和环形分流电阻的基础上，串接1.5V干电池以及不同的内阻，组成不同倍率的测量电路。准确度2.5级。

$$各欧姆挡内阻 = 中值电阻 10\Omega \times 各挡倍率数$$

$$各欧姆挡电流 = \frac{1.5V}{各欧姆挡内阻}$$

万用表的欧姆挡分为×1、×10、×100、×1K、×10K共5挡（或称5个倍率）。被测电阻R_x的实际读数应为标度尺刻度处读数乘上倍率。例如：转换开关置在"Ω"和"×10"挡，测试某一电阻时，指针指在80处，此时，R_x的实际读数应为80×10 = 800（Ω）。

使用$R \times 10k$挡测量电阻时，表内另装有9V的叠层电池，以供测量高值电阻。

①线性电阻的测量

用万用表不同欧姆挡，测量同一个线性电阻，其阻值不会随电流变化而变化，呈线性伏—安特性曲线，如图2-1（a）所示。

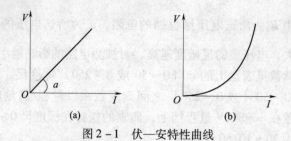

图2-1　伏—安特性曲线

②非线性电阻的测量

二极管的正向电阻，会随电流的变化而变化，呈非线性伏—安特性曲线，如图2-1（b）所示。用万用表不同欧姆挡，测量同一只二极管的正向电阻，阻值都不相同。万用表的（+）测试插座应接红色表棒，（*）测试插座应接黑色表棒。但在测电阻时，红色表棒是接内部电池的负极，而黑色表棒是接内部电池正极。当用欧姆挡判别二极管或晶体三极管极性时，有特别意义。

3. 实验仪器

（1）万用表

（2）直流稳压电源

（3）标准电阻箱

（4）电路实验箱

4．预习内容

（1）阅读第 1 章和附录 1 万用表使用说明，掌握直流稳压电源的使用方法。

（2）阅读实验原理及实验内容，明确实验目的。

（3）根据万用表 A 挡和欧姆挡的内阻值，计算说明为什么不能用这两挡去测电压值？

（4）总结万用表使用时注意的事项。

（5）根据电路图 2 - 2 给的参数，计算 u_{ab}、u_{bo} 和 I_1 的值，并选择电表相应的量程挡。

5．实验内容

（1）交流电压的测量

正确选用万用表的 $\underset{\sim}{v}$ 功能量程，分别用交流电压 500V 量程和 250V 量程，测量实验桌上的三相交流电源，如图 2 - 3 所示，将被测的三相交流电源的线电压和相电压的有效值（每种测量三次），记录在表 2 - 1 中。

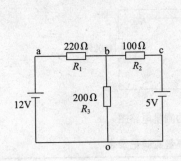

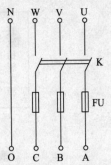

图 2 - 2　　　　　　　　　图 2 - 3　交流电压的测量电路图

表 2 - 1　交流电压的测量实验记录表

$\underset{\sim}{v}$ 表内阻	被测量　量程	$U_\varphi = 220V$			$U_L = 380V$			工具误差 $\Delta U\max$
		U_{AO}	U_{BO}	U_{CO}	U_{AB}	U_{BC}	U_{CA}	
	250V							
	500V							
	测量值范围							
	允许值范围							

（2）直流电压的测量

按图 2 - 4 连接电路，先用万用表直流 50V 挡校准稳压电源为 16V，再用万用表直流电压 10V 挡和 50V 挡分别测量图中 b、c 两点间的电压值，将数据记录在表 2 - 2 中。

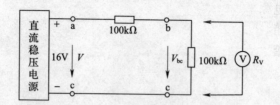

图 2-4 直流电压的测量电路图

表 2-2 直流电压的测量实验记录表

U 表内阻　被测量 　　量程	被测量 U_{bc} $U_{理} = 8V$	工具误差 （ΔU_{max}）	测值范围 （$U_{bc} + \Delta U_{max}$）	绝对误差 （$U_{bc} - U_{理}$）
10V				
50V				
"换量程法" 计算 U_{bc}				

（3）直流电流的测量

先用万用表直流 10V 挡校准稳压电源为 8V，然后按图 2-5 连接电路，注意电流挡的正负极性，将测量数据记录在表 2-3 中。

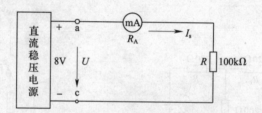

图 2-5 直流电流的测量电路图

表 2-3 直流电流的测量实验记录表

A 表内阻	量程	被测量 I_S $I_{理} = 80mA$	工具误差 （ΔI_{max}）	测值范围 （$I_s + \Delta I_{max}$）	绝对误差（$I_s - I_{理}$）
	100mA				
	500mA				
"换量程法" 计算 I_s					

（4）电阻的测量

①正确选用万用表欧姆挡功能，分别用欧姆挡的 ×100、×1K 挡量程，测量实验电路箱上 1kΩ 的电阻值。记录于表 2-4 中。

②用 "替代法" 测量电阻。按图 2-6（a）接线，用欧姆挡的 ×100 测量实验电路箱上 1kΩ 的电阻值，记录数据。然后用标准电阻箱替代 1kΩ 电阻，按图 2-6（b）接线，调节标准电阻箱的阻值，使万用表上的阻值读数和前次相同（指针位置重合），记录标准电阻箱的阻值，并记录在表 2-4 中。

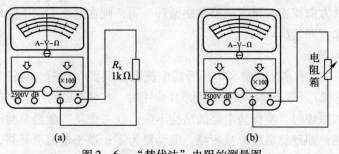

图 2－6　"替代法"电阻的测量图

表 2－4　电阻的测量实验记录表

Ω 表内阻	Ω 挡倍率	被测量 R_{x_1} （用万用表测）	替代法测 R_{x_2} （用电阻箱测）	绝对误差 $(R_{x_1} - R_{x_2})$
	×100			
	×1K			

③用万用表的欧姆挡测量图 2－7 电路中的 R_{ab}、R_{be}、R_{ce}、R_{ae} 的电阻，并与计算值比较。自拟表格记录。

④用万用表欧姆的 ×100、×1K 挡测量二极管正反向电阻值。

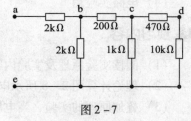

图 2－7

6. 报告要求

（1）整理实验数据，分析测量结果。

（2）用不同直流电流量程和直流电压量程测得表 2－2 和表 2－3 中的结果，分析电表内阻对测量值的影响，说明误差类型及削减误差的方法。

（3）实验用直流稳压电源有几路？欲使输出电压为 8V，如何调节旋钮挡位？

（4）总结万用表使用时的注意事项。

实验 2　基尔霍夫定律和叠加原理验证

1. 实验目的

（1）掌握基尔霍夫电压定律，基尔霍夫电流定律。

（2）验证叠加定理。

（3）熟悉万用表和直流稳压电源的使用方法。

2. 实验原理

（1）基尔霍夫定律

基尔霍夫电流定律是用来确定连接在同一结点上的各支路电流间关系的。在任一瞬间，流向某一结点的电流之和等于由该结点流出的电流之和，即 $\sum I = 0$。

基尔霍夫电压定律是用来确定回路中各段电压间的关系的。如果从回路中任意一点

19

出发，以顺时针方向或逆时针方向沿回路循环一周，则在这个方向上的电压下降之和等于电压上升之和，即 $\sum U = 0$。

（2）叠加原理

在线性电路中，有多个激励（电压源或电流源）共同作用时，在任一支路所产生的响应（电压或电流），等于这些激励分别单独作用时，在该支路所产生响应的代数和。

在应用叠加原理时，应保持电路的结构不变。在考虑某一激励单独作用时，要假设其他激励都存在；即理想电压源被短路，电动势为零；理想电流源开路，电流为零；但是如果电源有内阻，则都应保留在原处。

3. 实验仪器

（1）直流稳压电源
（2）万用表
（3）直流毫安表
（4）电路实验箱

4. 预习内容

（1）阅读实验原理及实验内容，明确实验目的。
（2）理论计算图 2-8 所示电路中各支路的电流及电压的值，以此确定仪表量程。
（3）叠加原理的实验，当电压源 E_1 单独作用时，E_2 电压源的端口开关 K_2 应打到什么位置上。
（4）实验中，若用指针式仪表测量，仪表指针出现反偏？应如何处理？如何记录数据？

5. 实验内容

（1）基尔霍夫定律的验证

在实验箱上，按图 2-8 连接好电路，接电源线前，将 K_1、K_2 打到短路侧，把直流稳压电源调节到 $E_1 = 20V$、$E_2 = 12V$，检查确认无误后接通电源，用电流表测量各电阻支路的电流，用电压表测量电阻的压降，记录在表 2-5 中。

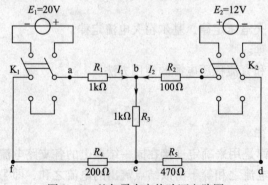

图 2-8 基尔霍夫定律验证电路图

表 2 – 5　各电阻电流、电压测量值

项 目 测量值	I_1/mA	I_2/mA	I_3/mA	U_{ab}/V	U_{bc}/V	U_{be}/V	U_{de}/V	U_{ef}/V
$E_1 = 20V$，$E_2 = 12V$								

（2）叠加原理的验证

按图 2 – 8 连接电路，当电源 E_1、E_2 单独作用和 E_1、E_2 同时作用时，测量 R_3 支路的电流及电压，记录在表 2 – 6 中。

表 2 – 6　叠加定理的测量结果

测量项目 实验内容	测量流过 R_3 支路的电流 I_3/mA	测量 R_3 电阻的端电压 U_{be}/V
$E_1 = 20V$（单独作用）		
$E_2 = 12V$（单独作用）		
$E_1 = 30V$，$E_2 = 10V$		
计算叠加值		

6.　报告要求

（1）整理实验数据表格，对实验数据进行分析比较，总结归纳实验结果。

（2）实验数据与理论计算相比较，分析误差产生的原因。

（3）若实验电路中，R_3 支路串联一个稳压二极管，叠加原理还适用吗？

实验 3　验证戴维南定理和诺顿定理

1.　实验目的

（1）通过实验验证戴维南定理和诺顿定理，加深对定理的理解。

（2）掌握测量有源二端网络等效参数的一般方法。

2.　实验原理

（1）戴维南定理

任一线性有源二端网络，对其外部电路来说，都可用一个电动势为 E_0 的理想电压源和内阻 R_0 相串联的有源支路来等效代替。

这个有源支路的理想电压源的电动势 E_0 等于网络的开路电压 U_0，内阻 R_0 等于相应的无源二端网络的等效电阻。

所谓相应的无源二端网络的等效电阻，就是将原有源二端网络所有的理想电源（理想电压源或理想电流源）均去掉时网络的入端电阻。

（2）诺顿定理

　　任一线性有源二端网络，对外部电路来说，可用一个电流为 I_s 的理想电流源和内阻 R_0 相并联的有源电路来等效代替。其中理想电流源的电流 I_s 等于网络的短路电流，内阻 R_0 等于相应的无源二端网络的等效电阻。

3．实验仪器

　　（1）直流稳压电源
　　（2）万用表
　　（3）直流毫安表
　　（4）标准电阻箱
　　（5）电路实验箱

4．预习要求

　　（1）阅读实验内容，理解戴维南定理和诺顿定理，明确实验目的。
　　（2）求图 2-9 中，以 a、b 为二端口的线性网络的戴维南等效电压源的电动势 E_0 和等效内阻 R_0。

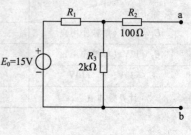

图 2-9

5．实验内容

　　（1）测量有源二端网络的外特性
　　按图 2-10 电路接线，改变负载电阻 R_L 阻值，当毫安表的读数为 1~5mA 变化时，逐点测量 U_{bc} 电压随 I_L 电流的变化外特性曲线。记录在表 2-7 中。

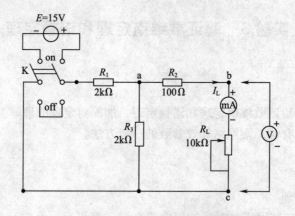

图 2-10　有源二端网络实验电路图

表 2-7　有源二端网络的测量结果

仪表量程	被测量	测量结果				
10mA	I_L/mA	1	2	3	4	5
10V	U_{bc}/V					

（2）测定戴维南等效电路的 U_{bco}、R_{bc}。

①当 R_L 不接（开路）且 K 置 on 时，用电压表测量有源二端网络的开路电压 U_{bc0}。

②当 R_L 不接（开路）且 K 置 off 时，用欧姆表测量有源二端网络的等效电阻 R_{bc}。

（3）测量戴维南等效电路的外特性

①调节直流稳压电源，用电压表检测其输出电压为开路电压 U_{bco}。

②用 200Ω 的电阻和 1kΩ 可调电阻组成 R_0，如图 2 – 11 所示。改变 1kΩ 可调电阻的阻值，用欧姆表测量 R_0 的阻值等于等效电阻 R_{bc} 的阻值。

③按图 2 – 11 等效电路接线，仿照实验内容（1），测量等效电路外特性曲线，记录于表 2 – 8 中。验证戴维南定理。

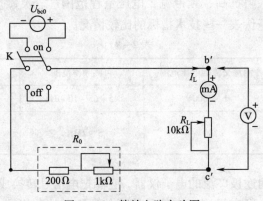

图 2 – 11   等效电路实验图

表 2 – 8   等效电路的测量结果

仪表量程	被测量	测量结果				
		1	2	3	4	5
10mA	I_L'/mA					
10V	U_{bc}'/V					

（4）设计一个验证诺顿定理的实验方案。

6. 报告要求

（1）在同一坐标纸上，用表 2 – 7、表 2 – 8 中的数据，绘出外特性曲线，比较测量结果，并分析误差产生的原因。

（2）测量戴维南定理的等效电阻 R_0，还有其他方法吗？举例说明。

（3）总结诺顿定理验证的实验方案。

实验 4   典型电信号的观察与测量

1. 实验目的

（1）掌握示波器、函数信号发生器和交流毫伏表的使用方法。

（2）掌握典型电信号的观察和测量方法。

2. 实验原理

（1）说明

①常用的电信号有直流（阶段）、正弦交流和脉冲信号。它们分别由直流稳压电源、函数信号发生器提供。

正弦交流电的参数是幅值 U_m、I_m、周期 T（或频率 f）和初相角。脉冲信号的参数是幅值 U_m、脉冲重复周期 T 及脉宽 T_p、直流电的参数是 U 和 I。

②交流毫伏表是用来测量正弦交流电压有效值的电子仪表。与一般交流电工仪表或万用表相比，具有输入阻抗高、频带宽、电压量程范围广、灵敏度高等特点。表 2 - 9 列出了万用表和交流毫伏表一些技术指标的比较情况。

表 2 - 9

仪表名称	测量交流的电压范围	可测频率范围	输入阻抗
500 型万用表	$1 \sim 2500V$	$45 \sim 65 \sim 1000Hz$	$20k\Omega/V$
SX2172 型交流毫伏表	300V	$5 \sim 2MHz$	$1 \sim 300mV\ 8M\Omega$ $\cdots\cdots$ $1 \sim 300V\ 10M\Omega$

③示波器是一种用途极广泛的电子仪器，它能把电信号转换成可直接观察和测量的图形显示在荧光屏上，可定量测出电信号波形的参数，从荧光屏上的 Y 轴刻度尺并结合其量程分挡选择开关（Y 轴电压灵敏度 V/div 分挡开关）可测得电信号的幅值或峰—峰值。从荧光屏上的 X 轴刻度尺并结合其量程分挡选择开关（X 轴时间扫描速率 t/div 分挡开关）可测得电信号的周期（或频率）、脉宽、相位差等参数。

本实验通过用示波器观察电信号的波形及测量电信号的参数来熟悉示波器，并掌握其使用方法。

（2）信号电压的测量

信号电压的测量原理是在示波器上显示被测信号的波形，通过屏幕上的 Y 轴方向刻度尺读出信号电压的幅值或峰—峰值。

①直流电压的测量

将示波器的输入耦合方式选择开关置于"⊥"或"GND"位置，调节 Y 轴位移旋钮，使扫描线与 X 轴刻度尺重合（或重合于屏幕下方的某横线），以此确定为零电位位置。然后将输入耦合方式选择开关置于"DC"位置，Y（Y_1 或 Y_2）探头的探极接在待测的直流电压上，调节 Y 轴灵敏度（或偏转因数）"V/div"（或"V/cm"）旋钮，使荧幕上的一扫描线沿 Y 轴方向偏离，读出在 Y 方向（垂直方向）偏移的距离。用"V/div"旋钮的标称指示值（微调旋钮置于校正位置，以下同），乘以 Y 方向偏移的距离，再乘以探头的分压比，即得实际直流电压值。有些示波器 Y 轴通道用 CH 表示。

例如：设所用探头的分压比为 1:1，"V/div"旋钮置于 0.5V/div，Y 轴方向偏移距

离为 3div，在此情况下测得的实际直流电压为

$$1 \times 0.5\text{V/div} \times 3\text{div} = 1.5\text{V}$$

②交流电压的测量

将示波器的输入耦合方式选择开关置于"AC"位置，Y_1（或 Y_2）探头的探极接在待测交流电压，使荧光屏上显示稳定的波形，如图 2 – 12（a）、（b）、（c）所示。调节"V/div"旋钮的位置，读出 Y 轴方向的距离，即得被测交流电压的大小。

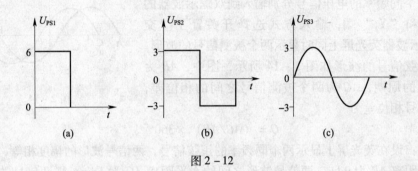

图 2 – 12

例如：设探头的探极的分压比为 1:1，"V/div"旋钮位于 0.1V/div，Y 轴方向距离为 6div，即可得到图中交流电压的值分别为

$$U_{PS1} = 1 \times 0.1\text{V/div} \times 6\text{div} = 0.6\text{V}$$
$$U_{PS2} = 1 \times 0.1\text{V/div} \times 6\text{div} = 0.6\text{V}$$
$$U_{PS3} = 1 \times 0.1\text{V/div} \times 6\text{div} = 0.6\text{V}$$

（3）时间的测量

用示波器测量时间的方法与测量电压的方法基本相同，只是测量时间时，两个被测点是 X 轴方向，而测量电压是 Y 轴方向。

①周期的测量

测量时调节扫描速率旋钮分挡开关"t/div"或（t/cm）的位置（扫描微调旋钮置于校正的位置，以下同）读出待测波形一个周期的水平距离，此距离与"t/div"或"t/cm"的标称指示值的乘积，即为待测信号的周期。

例如：设"t/div"或"t/cm"旋钮的标称指示值为 10μs/div，待测波形一个周期的水平距离为 2div，则待测信号的周期为

$$T = 10\text{μs/div} \times 2\text{div} = 20\text{μs}$$

波形如图 2 – 13 所示。

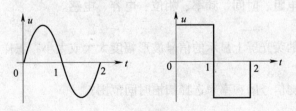

图 2 – 13

②频率的测量

频率的测量是在测得被测信号的周期后，取期周期的倒数，即得被测信号的频率。

例如前面已测出被测信号（图2-13）的周期 T 为 20μs，则此信号的频率为

$$f = 1/T = 1/（20 \times 10^{-6}）= 50（kHz）$$

（4）相位差的测量

将两个同频率的电压信号分别输入到双踪示波器的"Y_1"端和"Y_2"端，输入方式选择开关置于"交替"。在示波器荧光屏上同时显示两个被测信号的波形。设两个正弦信号的波形如图2-14所示，图中，AB 为被测信号的周期，AC 为两个被测信号之间的相位差，则被测信号相位差为

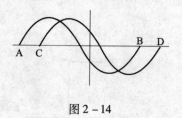

图 2-14

$$Q =（AC/AB）\times 360°$$

例如：设在荧光屏上显示两个同频率的正弦信号，两信号波形的幅度相等，一个周期的水平距离 AB 为 9div，两信号波形之间的水平距离 AC 为 1div，则两信号的相位差为

$$Q =（1/9）\times 360° = 40°$$

（5）X—Y 方式的应用

X—Y 方式的操作，将 Y_1 移位控制钮拉出，由 Y_1 变 X 端输入 X 信号。X 轴需外来信号控制，如外接扫描信号。阶梯信号及李沙育图形等都可用 X—Y 工作方式显示。

3. 实验仪器

（1）双踪示波器
（2）函数信号发生器
（3）交流毫伏表
（4）直流稳压电源

4. 预习要求

（1）阅读实验原理和实验内容写出预习报告。
（2）阅读附录中，示波器、函数发生器、交流毫伏表的使用说明。
（3）用示波器可直接测量的物理量有：
电压、电流、电阻、时间、频率、相位、电容、电感。
（4）预习思考
①如果示波器的荧光屏上显示的信号波形幅度太大或太小，怎样调节有关旋钮使幅度适中？
②如何根据被测信号的频率来选择扫描时间范围？

5．实验内容

（1）检查示波器

①将示波器面板上有关控制键、旋钮置在适当的位置上，检查各旋钮是否正常。接通电源，电源指示灯亮；稍候预热，屏幕上出现光迹，分别调节亮度、聚焦、辅助聚焦、X 轴位移、Y 轴位移等旋钮，使光迹清晰并与水平刻度平行。

②将 Y_1（CH_1）通道灵敏度选择开关置 0.5V/div，扫描速率选择开关置 0.5ms/div，用 1:1 探极（或测试电缆线）将校正信号（方波：$f = 1kHz$　$U_P = 0.5V$）输入到 Y_1 通道。若在屏幕上显示的方波在垂直方向为 1div，水平方向每一周期为 2div，则仪器正常。

（2）正弦信号的观测

①按图 2-15 将示波器、函数发生器、交流毫伏表连接。

②接通电源，调节函数发生器使其输出频率分别 500Hz、2.5kHz、50kHz，输出幅度分别为有效值 0.5V、2V、1V 的正弦信号，调节示波器 Y 轴灵敏度选择开关和 X 轴扫描速率选择开关的挡

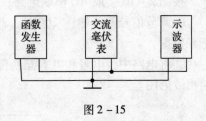

图 2-15

级位置，从示波器荧光屏上观察各正弦信号的波形，将数据记录于表 2-10 中。

表 2-10

正弦信号参数		正弦信号频率的测定				正弦信号幅值的测定			
f	U	X 轴扫描速率 t/div	一个周期所占格数	信号周期 T	计算频率 f	Y 轴灵敏度 V/div	峰—峰值所占格数	峰—峰值 U_{P-P}	计算有效值
500Hz	0.5V								
2.5kHz	2V								
50kHz	1V								

（3）脉冲信号的观测

①将图 2-15 中的交流毫伏表去掉。调节函数发生器，使其输出频率 $f = 2.5kHz$，占空比 50%，幅度 $U_s = 2V$ 的脉冲信号。

②调节函数发生器，使其输出频率 $f = 1kHz$，占空比 30%，幅度 $U_m = 4V$ 的脉冲信号。

观察各脉冲信号波形，将数据记录于表 2-11 中。

※①（4）直流（阶跃）信号的观察

调节直流稳压电源使其输出 5V 的直流电压，用示波器观察并记录直流电压波形。

---

① 该标志表示选做内容。

表 2 –11

脉冲信号参数			脉冲信号频率的测定				脉冲信号幅值的测定		
f/kHz	占空比	幅值 U/V	X轴扫描速率 t/div	一个周期所占格数	信号周期 T	计算频率 f	Y轴灵敏度 V/div	峰—峰值所占格数	计算幅值 U_m
2.5	50%	2							
1	30%	1							

（5）RC 串联电路的研究

按图 2 –16 接成 RC 串联电路，元件参数 $R = 470\Omega$，$C = 0.22\mu\text{F}$。

①调节信号源，输入 200H_z、2V 的正弦信号，分别测量 U_C、U_R、I 和相位差 φ，记录数据。

②将电路中，电阻和电容互换位置，测量输入电压 U_i 与流过电路电流 i 的相位差，绘出波形图。

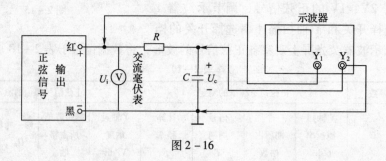

图 2 –16

6. 报告要求

（1）整理数据表格，画出信号波形，并标出"Y轴灵敏度 V/div"旋钮及"X轴扫描速率 t/div"旋钮的挡位。

（2）总结实验中所用仪器的使用方法，以及观测电信号的方法。

（3）欲使荧光屏上显示的波形个数多一些，应调节哪一个旋钮？

（4）欲使荧光屏上显示的波形幅度大一些，应调节哪一个旋钮？

（5）如果示波器的荧光屏上显示的信号波形不稳定，应调节哪些旋钮才能得到稳定的波形？

7. 设计实验

设计一个 RL 串联电路，用示波器观察并测量电感上的电压与电流的相位关系。

（1）画出实验电路图。

（2）写出实验方案。

实验 5　RLC 串联谐振电路

1.　实验目的

（1）观察谐振现象，研究电路参数对谐振特性的影响。

（2）学习测量 RLC 串联电路的幅频特性曲线的方法。

2.　实验原理

（1）串联谐振电路的频率特性

图 2 – 17 所示电路为 RLC 串联电路。若电路输入端的正弦电压源的角频率为 ω，其电压相量为 $\dot{U}_S$，电阻 R 上的电压 $\dot{U}_2$ 为输出电压，则此电路的转移函数为：

$$\frac{\dot{U}_2}{\dot{U}_S} = \frac{R}{R + j\omega L + \dfrac{1}{j\omega C}}$$

其振幅比为：

$$\frac{\dot{U}_2}{\dot{U}_S} = \frac{R}{\sqrt{R^2 + \left(\omega L - \dfrac{1}{\omega C}\right)^2}} \tag{2 – 1}$$

由上式可知，电路输出电压与输入电压的幅度比是角频率的函数。其频率特性曲线如图 2 – 18 所示。当电源频率 f（或 ω）改变时，电路中的容抗、感抗随之改变，电路中的电流也随 f 而变；当频率很高和频率很低时，幅度比将趋于零，而在某一频率 ω_0 时，即 $\omega L - \dfrac{1}{\omega C} = 0$ 或 $\omega L = \dfrac{1}{\omega C}$，振幅比等于 1，为最大值。我们把具有这种性质的函数称为带通函数，该网络称为二阶带通网络。

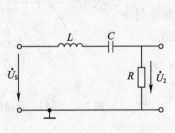

图 2 – 17　RLC 串联电路

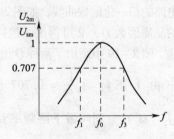

图 2 – 18　幅频特性曲线

根据式（2 – 1）和图 2 – 18 得，当 $\omega L = \dfrac{1}{\omega C}$，振幅比为 1 时，此时电路处于谐振状态，谐振频率为频率特性曲线出现尖峰的频率 ω_0（f_0），可以得出谐振频率为：

$$\omega_0 = \frac{1}{\sqrt{LC}} \quad \text{或} \quad f_0 = \frac{1}{2\pi \sqrt{LC}}$$

显然，谐振频率仅与电路元件 L、C 的数值有关，而与电阻 R 和电源的角频率 ω 无关。$\omega < \omega_0$ 时，电路呈容性，阻抗角 $\varphi < 0$；当 $\omega > \omega_0$ 时，电路呈感性，阻抗角 $\varphi > 0$。

（2）谐振状态时电路的特性

①由于电路中 $X_L - X_C = \omega_0 L - \dfrac{1}{\omega_0 C} = 0$，因此电路阻抗 $|z_0| = R$ 为最小值，整个电路相当于一个纯电阻电路，电压源的输入电压与流过电路的响应电流同相位。

②由于 $X_L = X_C$，所以电路中电感上的电压 U_L 与电容上的电压 U_C 数值相等，相位相差 180°，电感及电容上的电压幅值分别为：

$$U_{Lm} = I_0 \omega_0 L = \frac{\omega_0 L}{R} U_S = Q U_S$$

$$U_{Cm} = I_0 \frac{1}{\omega_0 L} U_S = Q U_S$$

式中的 Q 称为电路的品质因数。由于谐振时，电感及电容上的电压幅值为输入电压的 Q 倍。若 $\omega_0 L = \dfrac{1}{\omega_0} C$ 远远大于电阻 R，则品质因数 Q 远远大于 1。在这种情况下，电感及电容上的电压就会远远超过输入电压，这种现象在无线电通信中获得了广泛的应用，而在电力系统中，则应极力设法避免。

③由幅频特性可以看，当电源频率偏离谐振频率时，电路处于失谐状态，U_{2m}/U_{sm} 振幅比小于 1，因此，上述幅频特性曲线又称谐振曲线。如果用频率比 f/f_0 为横坐标，电压比 $U_2/U_{2,0}$（$U_{2,0}$ 为谐振时 R 的端电压）为纵坐标研究这种函数关系，其表达式可进一步写为：

$$\frac{U_2}{U_{2,0}} = \frac{1}{\sqrt{\left(1 + Q^2 \left(\dfrac{f}{f_0} - \dfrac{f_0}{f}\right)^2\right)}} = \frac{1}{\sqrt{(1 + Q^2 \varepsilon^2)}} \qquad (2-2)$$

式中 $\varepsilon = \dfrac{f}{f_0} - \dfrac{f_0}{f}$ 称为相对失谐。改变电源的频率就可得出串联谐振电路的归一化谐振曲线，如图 2 – 19 所示。如果改变电路的品质因数 Q，又可得出一组以 Q 值为参变量的谐振曲线。图 2 – 19 中画出了两种 Q 值的谐振曲线。

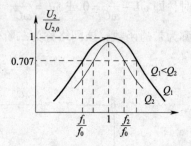

当 $\dfrac{U_2}{U_{2,0}}$ 由 1 下降到 $\dfrac{1}{\sqrt{2}} = 0.707$ 时，两个频率 f_1（ω_1）、f_2（ω_2）分别叫做下限频率和上限频率，即 $\dfrac{U_2}{U_{2,0}} = \dfrac{1}{\sqrt{2}}$。

图 2 – 19　归一化谐振曲线

则由式（2 – 1）可推出：

$$\frac{R^2}{R^2 + \left(\omega L - \dfrac{1}{\omega C}\right)^2} = \frac{1}{2}$$

$$R^2 = \left(\omega C - \frac{1}{\omega C}\right)^2$$

$$\omega L - \frac{1}{\omega C} = \pm R$$

$$\omega_1 = \frac{-R}{2L} + \sqrt{\left(\frac{R}{2L}\right)^2 + \frac{1}{LC}}$$

$$\omega_2 = \frac{R}{2L} + \sqrt{\left(\frac{R}{2L}\right)^2 + \frac{1}{LC}}$$

得知其相位差 $\varphi = \pm 45°$。

这两个频率的差值定义为二阶带通网络的通频带 BW，则：

$$BW = \omega_2 - \omega_1 \quad 或 \quad BW = f_2 - f_1$$

理论推导证明通频带 $BW = \omega_2 - \omega_1 = R/L$，所以它由电路的参数决定。

可见，品质因数 Q 越高，谐振曲线越尖锐，通频带也越窄，电路的选择性越好。串联谐振电路的品质因数可由通频带与谐振频率或由电路参数求出，即：

$$Q = \frac{\omega_0}{BW} = \frac{\omega_0 L}{R} = \frac{1}{\omega_0 CR} \quad 或 \quad Q = \frac{\omega_0}{\omega_2 - \omega_1} = \frac{\omega_0 L}{R} = \frac{1}{\omega_0 CR}$$

3. 实验仪器

（1）双踪示波器

（2）函数信号发生器

（3）交流毫伏表

4. 预习要求

（1）根据所给出的元件参数、估算 f_0、f_L、f_H 及通频带 BW 和品质因数 Q。

（2）如何判别电路是否谐振？测量谐振点的方案有哪些？

（3）如何正确地找出下限频率 f_L 和上限频率 f_H？

（4）要提高 RLC 串联电路的品质因数，电路参数如何改变？

5. 实验内容

（1）按图 2-20 所示电路接线，调节函数信号发生器，选择正弦波信号，把频率调到预习要求的计算电路的谐振频率 f_0 上，调节输出幅度，使其输出正弦波电压有效值 $U_S = 2V$。用示波器观察 U_S 及 U_2 的波形，在保持 $U_S = 2V$ 不变的情况下，微调信号发生

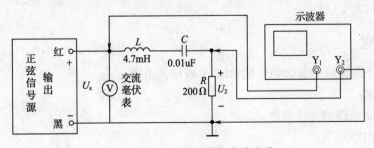

图 2-20 RLC 串联谐振实验电路

器的频率，当 U_S 和 U_2 两波形的相位差 $\varphi = 0$（波峰点重合）时，对应的频率即为串联电路的谐振频率 f_0，测量 U_2、U_L、U_C 的电压值并记录于表 2－12 中，并在同一坐标上绘出谐振时 U_S 和 U_2 的波形。

（2）以谐振频率 f_0 为中心，保持信号发生器的输入电压 $U_S = 2V$ 不变，在谐振频率 f_0 两侧依次改变信号发生器的频率，每隔一段频率测量一次 U_2，两侧各取 6 个频率点，逐点测出 U_2 的值，并记录于表 2－12 中。

表 2－12　$R = 200\Omega$ 时的测量数据

							f_0							
f/kHz													
U_2/V													
U_S/V						2V								
谐振 f_0 时，$U_2 =$ 　，$U_L =$ 　，$U_C =$													
下限频率 $f_L =$ 　，上限频率 $f_H =$ 　，$BW =$ 　。f_L 时的 $\varphi =$ 　；f_H 时的 $\varphi =$													

（3）测量 RLC 串联电路的通频带。根据在 f_L 和 f_H 时的 $U_2 = \dfrac{U_{2max}}{\sqrt{2}} = 0.707 U_{2max}$ 的关系。以谐振频率 f_0 为中心，保持信号发生器的输入电压 $U_S = 2V$ 不变，改变增大、减小信号发生器的频率，利用示波器观察 U_2 峰—峰值电压的变化情况，使 U_2 满足 $U_2 = \dfrac{U_{2max}}{\sqrt{2}} = 0.707 U_{2max}$ 的关系，由此找出上限频率 f_H 和下限频率 f_L。记录 f_H 和 f_L 并计算通频带 $BW = f_h - f_L$。画出 f_L 和 f_H 时的 U_S 与 U_2 的波形，计算相位差。将数据记录表 2－12 中。

（4）在上述条件下，R 更换为 470Ω，重复上述实验步骤，自拟数据表格。

6. 报告要求

（1）整理数据表格，用坐标纸绘出 RLC 串联电路不同 Q 值时的幅频特性曲线。

（2）计算出通频带与 Q 值，说明不同 R 值时对电路通频带与品质因数的影响。

（3）从幅频特性曲线中找出 f_L、f_H，并与测量值和计算值比较，分析误差原因。

（4）绘出 $R = 200\Omega$ 时，f_0、f_L、f_H 的 U_S、U_2 的波形。

（5）本实验在谐振时，对应的 U_S 与 U_2 的值及对应的 U_L 和 U_C 的值是否相等？如有差异，原因何在？

7. 设计实验

设计一个谐振频率为 20kHz 的 RLC 并联谐振电路。

设计要求：

（1）确定电路的元件参数。

（2）画出电路图。

（3）写出测量幅频特性曲线的实验方案。

实验 6　提高功率因数

1. 实验目的

（1）掌握感性电路提高功率因的方法及其意义。

（2）掌握交流电路参数的测量方法，理解交流电路中电压电流的相量关系。

（3）学会使用功率表测功率。

2. 实验原理

（1）日光灯的组成及工作原理

组成：灯管、启辉器、镇流器。

工作原理：日光灯管内的壁上涂荧光物质，管内抽成真空，并充有少量的水银蒸气。接通电源后日光灯管不导电，全部电压加在启辉器两触片之间，使启辉器中氖气击穿，产生气体放电；此放电产生的一定热量，使双金属片受热膨胀与固定片接通，于是有电流通过日光灯管的灯丝和镇流器。短时间后双金属片冷却收缩与固定片断开，电路中的电流突然减小；根据电磁感应定律，这时镇流器两端产生一定的感应电动势，使日光灯管两端电压产生 400 ~ 500V 高压，灯管气体电离，产生放电，日光灯点燃发亮。日光灯点燃后，灯管两端的电压降为 100V 左右，因此镇流器起到了降压限流的作用，灯管中电流不会过大。同时并联在灯管两端的启辉器，也因电压降低而不能放电，其触片保持断开状态。

（2）提高功率因数的意义

由于交流电路的平均功率受到电流与电压之间的相位差 φ 的影响，所以若电源向负载传送的功率 $P = UI\cos\varphi$ 时，当功率 P 和供电电压 U 一定时，功率因数 $\cos\varphi$ 越低，线路电流 I 就越大，从而增加了线路电压降和线路功率损耗。例如：当线路总电阻为 R_1，则线路电压降和线路功率损耗分别为 $\Delta U = IR_1$ 和 $\Delta P = I^2 R_1$。另外，负载的功率因数越低，表明无功功率就越大，电源和电感进行能量交换的容量就越大，电源向负载提供有功功率的能力越小，降低了电源容量的利用率。因此，简言之提高功率因数的根本原因，是减少线路上的损耗。根据供电部门要求，用电设备的功率因素必须高于 0.9，则功率因数 $\cos\varphi \in [0, 1]$。

功率因数 $\cos\varphi$ 不高的根本原因是由于感性负载的存在。在我们日常的生活与生产中，如家用电器、高频炉、中频炉等都是感性负载。

（3）提高功率因数的方法

对于感性负载，提高 $\cos\varphi$ 的方法是在感性负载两端并联静电电容器。

当并联了电容器后，感性负载的电流 $I_L = \dfrac{U}{\sqrt{R^2 + X_L^2}}$ 不变，$\cos\varphi = \dfrac{R}{\sqrt{R^2 + X_L^2}}$ 也不变。

但由于 u 与 i 之间的相位 φ 小了，$\cos\varphi$ 变大。理论上如果电容大小选择得合适，可将功率因数提高到 1；但若补偿电容太大，电路会变成容性，功率因数反而下降，电路图与相量图如图 2-21（a）、（b）所示。在实际的电网配电中，配电网中负载的使用不是一成不变的，因此负载的性质也随机发生着变化，刚好将功率因数补偿到 1 是不现实的；另外当功率因数已经接近 1 时再继续提高，所需要的电容值是非常大的，因此一般不必提高到 1。

补偿电容的选择可以这样计算：

$$C = \frac{P}{2\pi f U^2}\left(\tan\varphi_1 - \tan\varphi\right) \tag{2-3}$$

式中：P——感性负载的有功功率；

   f——交流电频率（50Hz）；

   U——电源电压；

   φ_1——未并电容前的 u 与 i 的相位差；

   φ——并联电容后要求达到的相位差。

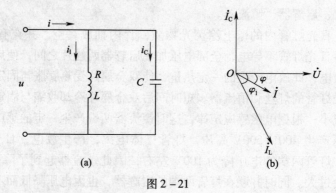

图 2-21

为了提高功率因数和改善日光灯的性能，近几年出现了各种各样的改进电路和多种电子镇流器，后者的优点是起动电压低、起动快、发光效率高、功率因数高、省电节能、无闪烁等。

3. 实验仪器

（1）单相功率表

（2）交流电流表

（3）交流电压表

（4）交流电路实验箱

（5）测电流插座盒

4. 预习要求

（1）阅读实验内容，明确实验目的。

（2）熟悉日光灯电路的工作原理及安装方法。

（3）学会功率表的使用方法。

5. 实验内容

（1）根据图 2-22 接线，检查无误后，经指导教师同意，闭合电源开关，点亮日

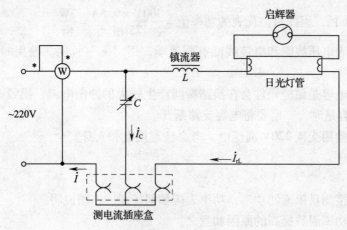

图 2 – 22

光灯，开始做实验。

（2）日光灯电路基本参数的测定。在未接入电容的情况下，测量日光灯电路的端电压 U、灯管两端电压 U_R、镇流器两电压 U_{rL}、灯管电流 I_{rL} 及日光灯电路的电功率 P，记录于表 2 – 13 中。

表 2 – 13

测量值					计算值			
U/V	U_R/V	U_{rL}/V	I_{rL}/A	P/W	$\cos\varphi$	R	x_L	r

（3）提高功率因数。在日光灯电路两端，并联不同的电容器，分别为 $1\mu F$、$2\mu F$、$2.5\mu F$、$3\mu F$、$3.5\mu F$、$4\mu F$、$4.5\mu F$、$5\mu F$、$5.5\mu F$ 和 $6\mu F$，分别测量 I_{rL}、I_C、I，计算 $\cos\varphi$ 并记录于表 2 – 14 中。

表 2 – 14

$C/\mu F$	1	2	2.5	3	3.5	4	4.5	5	5.5	6
I/A										
I_{rL}/A										
I_C/A										
P/W										
$\cos\varphi$										

6. 实验注意事项

（1）功率表读数方法：

$$每格代表的功率值 = \frac{U_N I_N \cos\varphi}{满刻度格数} = \frac{电压线圈量程 \times 电流线圈量程 \times \cos\varphi}{满刻度格数}$$

本实验所用的 D51 – W 型功率表（该功率表的功率因数 $\cos\varphi = 1$），在本实验中选用 300V、0.5A 挡，因此每格代表的功率值 $= \dfrac{300\text{V} \times 0.5\text{A}}{75\ \text{格}} = \dfrac{2\text{W}}{\text{格}}$

（2）功率表电压线圈和电流线圈有同铭端，用"*"标明。使用时要用导线连接在一起。

（3）由于电容是储能元件会在换路瞬间产生较大的冲击电流，损毁电路中的设备，因此在改变电容量时，一定要将电容支路断开。

（4）本实验用交流 220V 高压电，务必注意用电和人身安全。

7. 报告要求

（1）若直接测量镇流器功率，功率表应如何接线，作图说明。

（2）说明功率因数提高的原因和意义。

（3）绘制 $I = F(C)$ 曲线，并说明电容并联得愈多是否愈好，为什么？

（4）思考题

①一般的负载为什么功率因数较低？负载较低的功率因数对供电系统有何影响？为什么？

②为了提高电路的功率因数，常在感性负载上并联电容器，此时增加了一条电流支路，试问电路的总电流是增大还是减小？此时感性负载上的电流和功率是否改变？

③提高线路功率因数为什么只采用并联电容器法，而不用串联法？并联的电容器是否越大越好？

实验 7　RC 电路的过渡过程

1. 实验目的

（1）研究一阶 RC 电路的过渡过程。

（2）研究连续脉冲信号电压输入时，RC 电路的输出波形。

2. 实验原理

过渡过程，是由激励信号突然变化或电路突然改接或电路参数改变，引起电路中的电压、电流由原来的稳定状态向另一个稳定状态过渡的暂态过程。过渡过程是由于电路中储能元件的储能发生变化时需要一定的时间所引起的，电路出现的过渡过程又叫做电路对激励信号的响应。

一阶电路是指仅含有一个储能元件（电容或电感）的电路。其过渡过程可用一阶微分方程来描述。

对于线性定常的 RC 串联电路，其微分方程为（输入开始时计时）：

$$RC\dfrac{\mathrm{d}U_\mathrm{c}}{\mathrm{d}t} + U_\mathrm{C} = U_\mathrm{s} \qquad\qquad (t \geqslant 0)$$

$$U_{\mathrm{C}(t)}\big|_{t=0} = U_0$$

式中：U_S——具有任意波形的输入电压；

　　　U_0——电路的初始状态的电压。

该电路响应是其零输入响应和零状态响应之和。

（1）零状态响应

所有储能元件初始值为零的电路对激励的响应。对一阶 RC 电路，其微分方程为：

$$RC \frac{\mathrm{d}U_C}{\mathrm{d}t} + U_C = U_S, \quad t \geqslant 0$$

初始条件：$U_{C(0)} = 0$

解微分方程可得到电容器上的电压和电流随时间变化的规律为：

$$U_C = U_S \left(1 - \mathrm{e}^{-\frac{t}{\tau}} \right)$$

$$i = \frac{U_S}{R} \mathrm{e}^{-\frac{t}{\tau}}$$

令 $\tau = RC$，称为 RC 串联电路的时间常数，τ 的大小反映一阶电路过渡过程的进展速度。

（2）零输入响应

电路在无激励情况下，由储能元件的初始状态引起的响应。对一阶 RC 电路，其微分方程为：

$$U_C + RC \frac{\mathrm{d}U_C}{\mathrm{d}t} = 0 \qquad (t \geqslant 0)$$

初始条件：$U_C(0) = U_0$

解微分方程可得到电容器上的电压和电流随时间的变化规律为：

$$U_{C(t)} = U_0 \mathrm{e}^{-\frac{t}{\tau}}$$

$$i_{C(t)} = \frac{U_0}{R} \mathrm{e}^{-\frac{t}{\tau}} \qquad (t \geqslant 0)$$

式中，$\tau = RC$。

（3）一阶 RC 电路充放电的时间常数 τ 的估算

以时间 t 为横坐标轴，U_C 为纵坐标轴，对于充电曲线，当 $t = \tau$ 时，幅值上升到终值的 63.2% 所对应的时间，即为 1 个 τ；对于放电曲线，当 $t = \tau$ 时，幅值下降到初始值的 36.8% 所对应的时间，即为 1 个 τ。

工程上一般认为当渐变时间 $t = （3 \sim 5）\tau$ 时，过渡过程结束，电路达到另一个稳定状态。

3. 实验仪器

（1）函数信号发生器

（2）双踪示波器

（3）交流毫伏表

（4）电路实验箱

4. 预习要求

（1）阅读实验内容，理解原理，明确实验目的。

（2）图 2-23 中，当 $R=10\text{k}\Omega$，$C=5100\text{pF}$，求电路的时间常数 τ；当 $R=20\text{k}\Omega$，$C=5100\text{pF}$，求电路的时间常数 τ。

（3）根据实验内容，自拟实验数据表格。

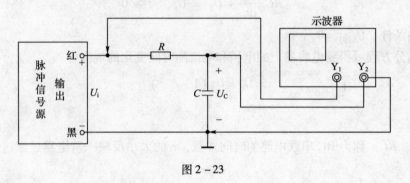

图 2-23

5. 实验内容

（1）按图 2-23 所示接线，其中 $C=5100\text{pF}$。输入矩形脉冲信号 U，其幅度为 5V，频率为 1kHz（周期为 1ms），占空比为 50%。用示波器分别观察 $R=10\text{k}\Omega$ 和 $R=20\text{k}\Omega$ 两种情况下的 U_i 和 U_C 的波形（$U_C(t)$ 的响应波形），测量充放电时间常数 τ，自拟表格记录。

（2）将图 2-23 中的 R 和 C 互换位置，分别观察 $R=10\text{k}\Omega$ 和 $R=20\text{k}\Omega$ 两种情况下上的 U_i 和 U_R 的波形（$i_C(t)$ 的响应波形），测量充放电时间常数 τ，自拟表格记录。

（3）将矩形脉冲信号的占空比调为 20%，重复上述（1）和（2）的内容。

6. 报告要求

（1）用描点法在坐标纸上作图，自行设计表格，记录数据。

（2）根据实验观察结果，绘制 RC 一阶电路充放电时 $U_C(t)$、$i_C(t)$ 的变化曲线，用测量的充放电时间常数 τ 值，与参数值的计算结果作比较。

实验 8　RC 选频电路特性测试

1. 实验目的

（1）了解 RC 串并联电路的带通特性。

（2）熟悉文氏电桥电路的结构特点及其应用。

（3）学会测量文氏电桥电路的幅频特性和相频特性。

2. 实验原理

图 2 - 24（a）所示为 RC 串并联选频电路，也称为文氏电桥电路。由图可得频率特性为：

$$T(j\omega) = \frac{\dot{U}}{\dot{U}_i} = \frac{z_2}{z_1 + z_2} = \frac{\dfrac{R\dfrac{1}{j\omega C}}{R + \dfrac{1}{j\omega C}}}{R + \dfrac{1}{j\omega C} + \dfrac{R\dfrac{1}{j\omega C}}{R + \dfrac{1}{j\omega C}}} = \frac{j\omega RC}{1 - (\omega RC)^2 + 3j\omega RC} = \frac{1}{3 + \left(\dfrac{\omega}{\omega_0} - \dfrac{\omega_0}{\omega}\right)}$$

式中：$\omega_0 = \dfrac{1}{RC}$。

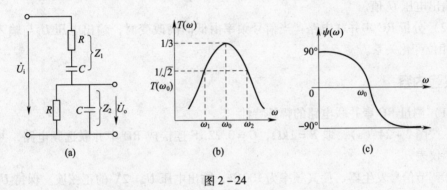

(a)　　　　(b)　　　　(c)

图 2 - 24

图 2 - 24（b）为幅频特性，即：

$$T(\omega) = \frac{1}{\sqrt{\left(3^2 + \left(\dfrac{\omega}{\omega_0} - \dfrac{\omega_0}{\omega}\right)^2\right)}}$$

图 2 - 24（c）为相频特性，即：

$$\varphi(\omega) = -\arctg \frac{\left(\dfrac{\omega}{\omega_0} - \dfrac{\omega_0}{\omega}\right)}{3}$$

当信号的角频率 $\omega = \omega_0 = 1/RC$，即 $f = f_0 = 1/2\pi RC$ 时，频率特性的虚部为零。f_0 被称为 RC 串并联选频电路的指振频率（或称中心频率），此时：

$$T(\omega_0) = \frac{1}{3}$$

$$\varphi(\omega) = 0$$

选择电路的输出电压 U_o 达到最大值——输入电压的 1/3，并与输入电压同相。

RC 串并联选频电路的截止频率有上限截止角频率 ω_2 和下限截止角率 ω_1。在 ω_1 和 ω_2 的范围内，信号顺利通过。因此，选频电路又称为带通电路。

当含有多种频率的信号加于 RC 串联电路时，在输出信号中，只有中心频率 f_0 的信号分量最强，且与输入信号同相。因此，RC 串并联选频电路是 RC 正弦波振波器中的重要组成部分。

3. 实验仪器

（1）函数信号发生器
（2）双踪示波器
（3）交流毫伏表
（4）电路实验箱

4. 预习要求

（1）根据电路元件参数计算 RC 选频电路的中心频率 f_0 及上、下限截止频率 f_1 和 f_2 时的输出电压 U_o 值。

（2）分析 RC 串并联电路：当信号频率由低向高改变时，输出电压 U_o 与输入电压 U_i 的相位变化关系。

5. 实验内容

（1）测量 RC 串并联电路的幅频特性

①按图 2 - 24（a），取 $R = 1\text{k}\Omega$，$C = 0.22\mu\text{F}$ 连接成 RC 串并联选频电路，并接入仪器、仪表。

②调节信号发生器，使其频率为 100Hz，输出电压 $U_i = 2\text{V}$ 的正弦波。保持 $U_i = 2\text{V}$ 不变，逐点改变信号发生器的频率。分别测量对应的 U_o 值。可先找出中心频率 f_0 及上、下限频率 f_2 和 f_1 三点。然后再按表 2 - 15 给出的频率进行测量，并将有关数据记录表 2 - 15 中。

表 2 - 15

	f/Hz	50	100	f_1	300	f_0	1k	f_2	5k	10k
测试值	U_o/V									
	波形周期格数 m									
	U_o 与 U_i 波形相位差格数 n									
计算值	$T(\omega) = U_o/U_i$									
	$\varphi(\omega) = \dfrac{n}{m} \times 360°$									

（2）测量 RC 串并电路的相频特性

测试方法同上。用示波器观测相应频率点输入和输出波形间的延时时间（或格数 n）及信号的周期（或周期格数 m），则两波形的相位差为：

$$\varphi(\omega) = \frac{n}{m} \times 360° = \varphi_2 - \varphi_1$$

将各个不同频率下的观测数据及计算的相位差 $\varphi(\omega)$ 记录于表 2 – 15 中。

（3）将电信号元件 R 改为 200Ω，C 改为 2μF；重复上述实验，自拟表格记录。

（4）仿真实验：按上述实验内容（3）所给的元件参数，进行仿真实验。要求测出幅频特性和相频特性曲线。

6. 报告要求

（1）根据实验数据，绘出幅频特性和相频特性；在图中标出截止频率及谐振频率，并与理论计算值比较。

（2）当 RC 串并联选频电路谐振时，分析电阻与容抗值之间的关系。

（3）定性作出 RC 选频电阻 $f = f_0$ 时电路中各个电压、电流间的相量图（以 U_o 为参数相量）。

7. 设计实验

设计一个 RC 低通滤波器频率特性测试的实验方案。

元件参数 $R = 1\text{k}\Omega$，$C = 0.22\mu\text{F}$。

实验 9　三相交流电路

1. 实验目的

（1）掌握三相负载星形连接和三角形的连接方法。

（2）熟悉三相电路中电压和电流的线值与相值的关系。

（3）了解负载星形连接电路中中线所起的作用。

2. 实验原理

（1）三相负载的星形连接就是将负载各相的末端连在一起，起始端接至电源，如图 2 – 25 所示。

三相负载接成星形且有中线时，不论负载是否对称，由于负载相电压 U_P 即电源相电压、负载线电压 U_L 即电源线电压，所以存在 $U_\text{L} = \sqrt{3}U_\text{P}$ 关系，且 $I_\text{L} = I_\text{P}$。不同的是，负载对称时，中线电流 $I_0 = I_\text{A} + I_\text{B} + I_\text{C} = 0$，负载不对称时，$I_0 = I_\text{A} + I_\text{B} + I_\text{C} \neq 0$。

去掉中线，如果负载对称，因为负载中点 O' 与电源中点 O 之间没有电压差，即 $U_{oo'} = 0$ 三相负载相电压保持对称；如果负载不对称，$U_{oo'} \neq 0$，则负载相电压也不对称。

（2）三相负载的三角形连接

三相负载的三角形连接就是将各负载的始端、末端依次相连，然后将三个连接点接至电源，如图 2 – 26 所示。

三相负载接成三角形时，因 $U_L = U_P$，故不论负载对称与否，各相负载电压总是对称的。不同的是，负载对称时，线电流对称，且线电流为相电流的 $\sqrt{3}$ 倍，即 $I_L = \sqrt{3}I_P$；负载不对称时，上述关系不再成立。

3. 实验仪器

（1）三相电源（线电压220V）
（2）交流电流表
（3）交流电压表
（4）三相负载板
（5）测电流插盒

4. 预习要求

（1）阅读实验内容，理解实验原理，明确实验目的，写出预习报告。
（2）三相负载星形和三角形连接的线电流电压和相电流电压关系。

5. 实验内容

（1）三相负载星形连接

按图2-25所示接线，线路检查无误，经指导教师同意后，闭合电源开关。电源线电压为380V。

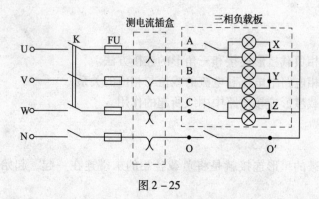

图 2-25

①三相四线制对称负载。测量各线电压、相电压、线电流、相电流以及中点间电压和中线电流。再断开中线，形成三相三线制对称负载，重复测量上述各量。两次测量数据记录于表2-16中，比较两次测量结果。

②在A相负载上加一灯泡，形成三相四线制不对称负载。测量各线电压、相电压、线电流、相电流以及中点间电压和中线电流量。再断开中线，形成三相三线制不对称负载星形连接，重复上述测量，将测量结果记录于表2-16中，并与有中线时比较两次测量的结果。

表 2 - 16

测量项目		U_{AB}/V	U_{BC}/V	U_{CA}/V	U_{AO}/V	U_{BO}/V	U_{CO}/V	I_A/A	I_B/A	I_C/A	$U_{OO'}/V$	I_o/A
星形接法负载对称	有中线											
	无中线											
星形接法负载不对称	有中线											
	无中线											

（2）三相负载的三角形连接

按图 2 - 26 所示接线。线路检查无误，经指导教师同意后，闭合电源开关。电源线电压为 220V。

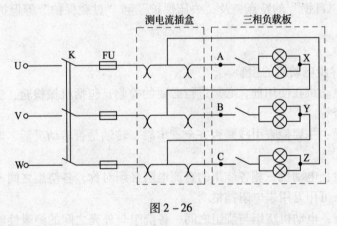

图 2 - 26

①负载对称。测量各负载线电压（相电压）、线电流和相电流，记录于表 2 - 17 中。

②在 A 相负载上加一灯泡，形成不对称负载，测量各负载线电压（相电压）、线电流和相电流，记录于表 2 - 17 中。

6. 报告要求

（1）根据实验结果，总结负载对称时，星形接法和三角形接法中负载线电压与相电压、线电流与相电流之间的关系。

（2）根据实验数据，画出对称三角形连接时相电压、相电流和线电流的向量图。

（3）根据实验结果，说明在三相四线制供电线路中，中线上不允许安装熔断器的道理。

表 2 –17

测量项目		U_{AB}/V	U_{BC}/V	U_{CA}/V	I_A/A	I_B/A	I_C/A	I_{AB}/A	I_{BC}/A	I_{CA}/A
三角形接法负载情况	对称									
	不对称									

实验 10　三相异步电动机的继电接触控制电路

1. 实验目的

（1）了解三相异步电动机的结构，熟悉其使用方法。

（2）了解三相异步电动机的一般检验方法。

（3）学习三相异步电动机的一般参数测量及继电控制原理。

（4）了解"自锁"的特点，及"失压保护"和"过载保护"等保护环节的原理。

2. 实验原理

（1）三相异步电动机的检验

三相异步电动机在使用前，必须进行必要的检验，包括机械检验、绕组检验、绝缘检查和通电检查等。

①机械检验：主要检查引线是否齐全、牢靠，转轴是否转动灵活、匀称，保护外罩是否完好等。

②绕组检验：电动机三相各绕组的直流电阻必须对称，各绕组之间不能短路，绕组本身不能断路，可用万用表电阻挡检测。

③绝缘检查：电动机绕组与绕组之间、各绕组与外壳之间的绝缘性能良好是保证正常运转的必要条件。绝缘性能指标主要是绝缘电阻，在室温下应不低于 $0.5M\Omega$。检测工具可用兆欧表。

④通电检查：根据电动机的铭牌和现有电源电压，将电动机接成星形或三角形形式。通电检查电动机各相电流是否对称，空载电流 I_0 是否超过正常数值（一般电机 $I_0 = (20\% \sim 30\%)I_N$，大型电机小些，微型电机可达 $50\% I_N$），转速是否正常，转动时有无不正常的振动和噪声等，若发现三相电流严重不对称，则可能绕组有匝间短路；空载电流过大，则可能轴承无油或三相均有匝间短路，应予检修。

（2）三相异步电动机的起动

三相异步电动机起动时，转速等于零（转差率 $s = 1$），起动电流很大，持续时间短，电机不致过热，但对电源电压影响很大。10kW 以上电机都要进行降压起动，如 $Y - \triangle$ 换接起动是常用的降压起动方法，它使起动电流减少至直接起动的 1/3，用交流电流表或钳表观测时，近似为表针在起动瞬间偏摆的最大值的 1/3。

（3）三相异步电动机的继电接触器控制

用交流接触器、继电器和按钮等控制电器控制的三相异步电动机，称为继电接触控制。如图 2–27 所示电路可完成电机的起动和停止等操作，可实现"自锁"，可完成"失压保护"和"过载保护"等动作。它是三相异步电动机最基本的继电接触控制电路。

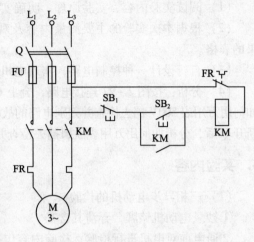

图 2–27

图 2–28 所示的电路是电机正反转控制电路。它用了两个交流接触器，一个控制正转，另一个用来改变电源相序，控制反转。为防止两个交流接触器的线圈同时通电，导致电源短路。在两个交流接触器的线圈控制电路中，串接了一个与各自控制相反的常闭辅助触点，两个常闭辅助触点形成联锁。

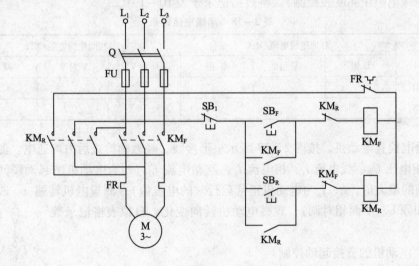

图 2–28

3. 实验仪器

（1）交流电流表

（2）兆欧表

（3）转速表

（4）万用表

（5）测电流插座盒

（6）三相异步电动机

（7）交流电路实验箱

4. 预习要求

（1）阅读实验内容、实验原理，明确实验目的。

（2）根据本次实验的主要测量内容及观测内容，拟出记录各项测量结果及观测结果的表格。

（3）自行设计一种控制电路，实现电机既能点动又能连续运行，要求画出电路图。

（4）分析：按图 2-27 连接电路，合上 Q，按起动按钮 SB_2。若电机不转动，试分析如何用万用表 500V 挡去检查并判别电路的故障（即电压表有源检测法）。如果出现故障，断开 Q 后，分析如何用万用表欧姆挡去检查并判别电路的故障（即欧姆表无源检测法）。

5. 实验内容

（1）三相异步电动机的检验

①抄录电动机铭牌，弄清其含义。

②通电前对电机进行检验；检验内容包括机械检验，各绕组直流电阻的检测，各绕组之间以及绕组与外壳之间的绝缘电阻的检测（直流电阻检测用 500 型万用表欧姆挡测量，绝缘电阻用兆欧表检测）。将数据记录于表 10-1 中。

表 2-18　绝缘电阻记录

项目	对地绝缘电阻/MΩ			相间绝缘电阻/MΩ		
	U 相	V 相	W 相	U 对 V	V 对 W	W 对 U
绝缘电阻						
是否合格						

③通电检查电动机。按图 2-29 所示星形接线，经教师检查后方可通电。测量线电压 U_1、相电压 U_P、线电流 I_1、相电流 I_p、起动电流 I_Q（I_Q 为电动机刚起动瞬间电流表指针摆动的最大值，I_1、I_p 为电动机正常运行时的电流值）。测量电机转速 n。改变电源相序（如原 U、V 两相对调），观察电动机转向变化。自拟表格记录数据。

（2）电动机的直接起动控制

①按图 2-27 接线，电动机采用 Y 形连接。先接主电路。后接控制电路。通电前，可用万用表欧姆挡检查控制电路的通断情况。

②检查无误，经教师同意后，接通主电路三相交流电源刀闸开关 Q，按下 SB_2 按钮，起动电机，观察"失压保护"、"过载保护"及"自锁"的作用，按下停车按钮停止电机工作。

（3）电动机的正反转控制

按图 2-28 接线，电动机采用 Y 形连接。检查方法同上。一定要保证主电路正确无误，经教师同意后，合上电源刀闸开关 Q。依次按下正转、停止、反转、停止按钮，观察电动机旋转方向。

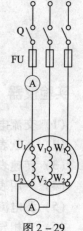

图 2-29

6. 报告要求

（1）主电路中有几种保护功能？是如何得到的？

（2）整理实验内容（1）测试数据表格。根据实验内容（2）、（3）观察结果，说明"自锁"、互锁触点的作用。

（3）电机在运行中，若 U 相熔断器熔丝熔断，电机会出现何种现象？并分析原因。

（4）回答预习要求（3）的问题。

实验 11　三相异步电动机的时间控制电路

1. 实验目的

（1）学习 Y—△起动的原理及接线方法。

（2）学习应用时间继电器控制电动机由 Y 形起动延时自动换为△运行。

（3）学习设计简单的继电接触器控制电路的方法。

2. 实验原理

电动机起动电流等于额定电流的 5～7 倍，功率较大的电动机（10kW 以上），不能直接起动，以免影响电网的电压，因此必须采用降压措施，而 Y—△起动就是其中的一种方法。起动时电动机定子绕组连接成 Y 形，起动后电动机的定子绕组转换连接成△形运行。由此可知，电动机正常工作时是△运行才能采用 Y—△起动。由于电源电压不变，起动时是电源线电压加于 Y 形连接的三相定子绕组上，使得每相绕组上所加的相电压仅为电源线电压的 $1/\sqrt{3}$。起动后，定子绕组换接成△接法，则每相绕组上所加的相电压等于电源线电压，电机在额定电压下工作。

继电接触器控制电路是实验中较复杂的电路，连接电路时容易发生错误，它的连接和检查方法与一般电路基本相似，但也有一定的特殊性，说明如下：

（1）连接方法

先连接主电路，再连接控制电路，除按照连线原则一个回路一个回路地连接电路外，特别要注意同一元件的不同部分，如接触器线圈常开触点、常闭触点将分别出现在电路的不同处。

（2）检查控制电路

①不闭合电源开关，用万用表电阻挡测控制电路（接在电源两端间）的电阻值，不按起动按钮时，阻值应为无穷大；按下时，阻值为数百欧姆。

②闭合控制电路电源开关（主电路不接通电源），分别操作各个按钮，观察各控制元件的动作是否符合工作程序的要求，全部符合则表明控制电路正确。如果电路不正常，可用欧姆表或电压表检查，排除故障。

（3）检查主电路

接通主电路，观察整个电路工作是否正常，如果按下起动按钮后，电机不转动或发生嗡嗡声，则应立即断电，检查主电路之故障并排除故障。

3. 实验仪器

（1）三相交流电源（线电压 380V）
（2）三相异步电动机
（3）万用表
（4）交流电路实验箱（按钮、交流接触器、时间继电器、热继电器等）

4. 预习要求

（1）阅读实验内容，理解实验原理，明确实验目的，写出预习报告。
（2）如果时间继电器的触头不是延时断开而是瞬时断开，将会产生什么后果？

5. 实验内容

（1）三相异步电动机 Y—△ 起动控制。
①按图 2 – 30 接线，先接主电路，后接控制电路。自行检查电路，要特别注意 KM_2、KM_3 两个互锁触点是否接入到控制电路中。检查无误后，经教师审查同意，合闸实验。仔细观察延时继电器 KT 的延时动作和 KM_2、KM_3 的动作转换。

调节时间继电器的延时时间，再次操作。
（2）自行设计电动机延时起停电路。

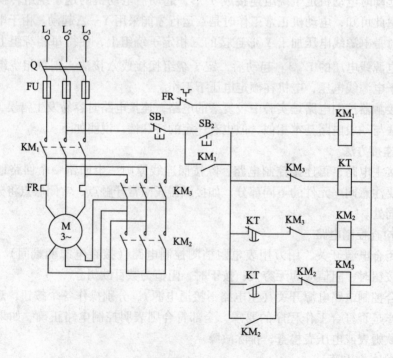

图 2 – 30

①按起动按钮电动机延时 6s 后起动。

②按起动按钮电动机起动，转动 8s 后停止。

画出控制电路图，经教师审查后方可进行接线实验。

6. 报告要求

（1）绘出实验电路原理图。主电路、控制电路分开画。

（2）总结分析实验观察的结果。

实验 12　PLC 可编程控制器实验

1. 实验目的

（1）熟悉三菱 FX 系列可编程控制器的使用方法。

（2）熟悉三菱 FX 系列可编程控制器的基本指令及编程方法。

（3）学习简单应用程序的设计。

（4）练习用手持编程器输入、修改和调试程序的方法。

（5）练习辅助继电器和定时器的使用。

（6）观察利用可编程控制器对简单系统进行控制的过程。

2. 实验面板示意图

实验面板示意图如图 2 - 31 所示。

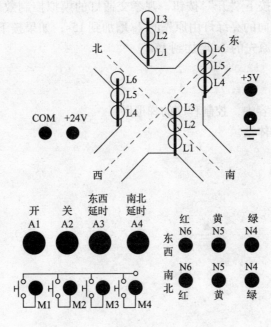

图 2 - 31

3. 实验仪器

1. PLC 实验箱
2. E－20TP－E－SET0 手持编程器

（或采用 SC－09 编程电缆与计算机相连接，采用 PC 进行编程。）

4. 预习要求

（1）实验前自学 SWOPC－FXGP/WIN－C VERSION 3.00 软件的使用。

（2）理解"十字路口交通灯模拟控制"的控制原理，按照十字路口交通灯逻辑要求设计梯形图。

5. 实验内容

（1）用 FX1N－40MR－001 型 PLC 实现十字路口交通灯的模拟控制。

①把实验箱左箱上 PLC 输出端子的 O/0、O/1、O/2，分别用导线接到右箱十字路口模拟控制实验上南北方向的绿、黄、红接线端，控制南北方向的绿、黄、红灯；PLC 输出端子 O/3、O/4、O/5 分别接到东西方向的绿、黄、红接线端，控制东西方向的绿、黄、红灯；PLC 输入端子 I/0、I/1、I/2、I/3 分别用导线与 M1、M2、M3、M4 接通。

②把 PLC 主控制器旁边 24V 的 COM 端接到此模拟实验的 COM 端上；旁边的 +5V 端接到此模拟实验的 +5V 端；主控制器输出端用到的 COM 口互连，然后再接到 5V 的接地端。

③输入预先编好的程序，检查无误后运行程序。

④程序运行后，按下"开"按钮，观察交通灯的模拟控制效果。如果按下"东西延时"按钮，东西方向的亮绿灯由原先的 7s 增加到 15s；如果按下"南北延时"按钮，南北方向的亮绿灯由原先的 7s 增加到 15s。

6. 报告要求

（1）绘出实验内容中，控制程序的梯形图。
（2）总结实验的体会。

第3章　模拟电子技术实验

实验 13　单级交流放大器

1. 实验目的

（1）学习调整、测试晶体管放大电路静态工作点的方法，研究静态工作点对放大电路性能的影响。

（2）研究集电极电阻 R_C，负载电阻 R_L 对放大电路放大倍数的影响。

（3）掌握放大电路的输入电阻 R_i 和输出电阻 R_o 的测定方法

（4）学习测定放大电路幅频特性的方法。

2. 实验原理

（1）静态工作点的设置与调整

任何组态（共射、共基、共集）的放大电路的主要任务都是不失真地放大信号，而完成这一任务的首要条件，就是合理地选择静态工作点。

为了保证输出在最大动态范围而又不失真，往往把静态工作点设置在交流负载线的中点。如图 3-1 所示，静态工作点设置得偏高或偏低，会造成输出信号的饱和失真或截止失真；而输入信号比较大时，又会造成输出信号同时饱和失真和截止失真。

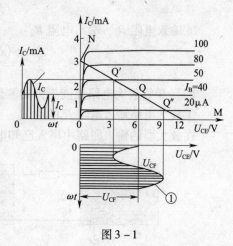

图 3-1

本实验采用的单管交流放大电路为分压式偏置电路，电路原理如图 3-2 所示，开关 K 为闭合状态。电路由 $(R_{W_1} + R_3) + R_4$ 组成分压电路，为晶体管提供基极电流 I_B，调整 R_{W_1} 的大小就可以改变 I_B，从而获得合适静态工作点 Q。

（2）单管放大电路性能指标的估算（参看图 3-2）

①静态工作点

$$I_{CQ} \approx I_{BQ} = \left[\frac{R_{W_1} + R_3}{R_3 + R_{W_1} + R_4} - U_{CC} - U_{BE} \right] \frac{1}{R_6}$$

$$U_{CBQ} \approx U_{CC} - I_{CQ}(R_5 + R_6)$$

式中：U_{BE}——晶体管基极与发射极之间的压降。

②电压放大倍数

$$A_V = -\frac{\beta R'_L}{r_{BE}} A_V$$

当发射报旁路电容 C_e 断开时，在发射极电阻上产生串联电流负反馈，则电压增益

$$A_V = -\frac{\beta R'_L}{r_{BE} + (1+\beta)R_6}$$

式中：R'_L——$R_5 \parallel R_L$；

β——晶体管电流放大倍数；

r_{BE}——晶体管输入电阻，其值为 $300 + (\beta+1)\dfrac{26}{I_{EQ}}$。

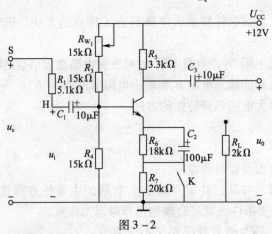

图 3 - 2

③输入电阻 R_i、输出电阻 R_o：

$$R_i \approx (R_{W_1} + R_3) \parallel R_4 \parallel r_{BE}$$
$$R_o \approx R_5$$

（3）单管放大电路性能指标的测试

①放大电路输入电阻 R_i 的测试

在放大器的输入回路中串入已知电阻 R_S，如图 3 - 3 所示。

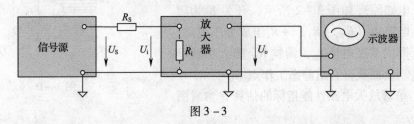

图 3 - 3

从放大器的输入端加正弦小信号电压 U_S，用示波器观察放大器输出电压 U_o 的波形。在 U_o 不失真的情况下，用交流毫伏表测试电阻 R_S 两端对地信号电压 U_S 与 U_i，输入 R_i 即可按下式求得：

$$R_i = \frac{U_i}{I_i} = \frac{U_i}{U_S - U_i}R_S$$

测量时应注意：电阻 R_S 的值不宜取得过大或过小，以免产生较大的测量误差，通常取 R_S 与 R_i 为同一数量级为好。测量 R_S 两端电压 U_{R_S} 时必须分别测出 U_S 和 U_i，然后按 $U_{R_S} = U_S - U_i$ 求出 U_{R_S} 值。

②放大电路输出电阻 R_o 的测试

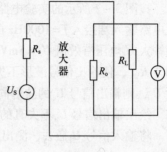

测试 R_o 的方法很多，在此介绍"换算法"。按图 3–4接线，先在输出端加负载电阻 R_L，调节信号源电压，使输出波形大小适中并不失真；用毫伏表测量输出电压 U_{o_1}，然后去掉 R_L，再测量空载时的输出电压 U_{o_2}，则输出电阻 R_o 可由下式算出：

图 3–4

$$R_o = \left(\frac{U_{o_2}}{U_{o_1}} - 1\right)R_L$$

③电压放大倍数的测试

放大器的电压放大倍数为放大器不失真放大状态时输出电压与输入电压之比。所以可得：

$$A_V = \frac{U_o}{U_i}$$

集电极电阻 R_C 和负载电阻 R_L 对电路的放大倍数都有一定的影响，但 R_C 过大易产生饱和失真。

④放大器幅频特性的测定

放大器的幅频特性是测绘电压放大倍数随输入信号频率而变化的曲线，放大器的幅频特性曲线测绘方法有逐点测试法：保持输入信号 U_i 的大小不变，改变 U_i 的频率，逐步测试出输出电压 U_o 的大小，根据实验数据描绘出放大器的幅频特性曲线。

3. 实验仪器

（1）直流稳压电源
（2）函数信号发生器
（3）示波器
（4）交流毫伏表
（5）万用表
（6）模拟电路实验箱

4. 预习要求

按图 3–2 给定参数，若晶体管 $\beta = 60$，要求 $I_C \approx 2\text{mA}$ 时，估算静态工作点及电压放大倍数，完成下式：

$$I_{CQ} \approx I_{EQ} = \underline{\hspace{1cm}}; \quad V_{CEQ} \approx \underline{\hspace{1cm}}; \quad A_V = -\beta R'/r_{BE} = \underline{\hspace{1cm}}。$$

5. 实验内容

（1）静态工作点的调整与测试

按图 3 – 2 所示的实验电路接入 $U_{CC} = +12V$ 直流电源，开关 K 置闭合状态。在放大电路输入端接入 $f = 1000Hz$ 的正弦交流信号 U_S；调整函数信号发生器输出幅度旋钮使输入 U_i 电压有效值 $U_i = 5mV$；用示波器观察输出信号 U_o 的波形。逐渐增大 U_i，同时调节 R_{W_1}，使输出信号波形不失真，直至输入信号增加到某个最大值 $U_{i_{max}}$，此时若再增大 U_i，则输出信号 U_o 的波形同时出现上、下削波的失真。此时，放大器是理想工作状态。绘出输出信号 U_o 不失真的波形。

将输入信号 U_i 撤去，测出放大器的 U_{BQ}、U_{EQ}、U_{CQ}，并计算 I_{BQ}、U_{BEQ}、U_{CBQ}，记录在表 3 – 1 中。

表 3 – 1　静态工作点

测试值				计算值				U_o 波形
U_{BQ}/V	U_{EQ}/V	U_{CQ}/V	U_{BE}/V	I_{CQ}/mA	I_{BQ}/mA	U_{BE}/V	U_{CE}/V	

（2）测试电压放大倍数 A_V

在电路理想放大状态下，调整信号发生器的输出 $U_i = 10mV$、$f = 1000Hz$ 的正弦信号，将此信号输入放大器。用示波器观察输出信号 U_o 的波形，在输出波形不失真的情况下，按表 3 – 2 给定的测试条件测量 U_i 和 U_o。计算 A_V，记录于表 3 – 2 中。

表 3 – 2　电压放大倍数

测试条件（负载状态）		测试值		测试值	估算值
R_6（R_C）	R_L	U_i	U_o	A_V	A_V
3.3kΩ	∞				
3.3 kΩ ∥ 2.7kΩ	∞				
3.3kΩ	2.7kΩ				

（3）研究静态工作点的改变对输出波形的影响

在上一步的基础上，R_5（R_C）$= 3.3kΩ$、$R_L = ∞$，先将 R_{W_1} 顺时针旋转使 U_o 出现明显失真，测出此时的静态工作点。再将 R_{W_1} 逆时针旋转使 U_o 出现明显失真，同样测出静态工作点。将上述结果记入表 3 – 3，根据测试结果及示波器观察到的波形判断电路处于何种失真状态。

表 3 – 3

R_{W_1}	U_C/V	U_B/V	U_E/V	U_{BE}/V	U_o 波形
R_{W_1} 顺时针旋转					 U_o O ___ f
R_{W_1} 逆时针旋转					 U_o O ___ f

（4）测定输入电阻 R_i 和输出电阻 R_o。

①在电路理想放大状态下，在放大器的输入端接入频率为 1000Hz 的正弦交流信号 U_S，调整函数信号发生器输出幅度旋钮使输入 U_i 电压有效值 $U_i = 10mV$，在输出 U_o 波形不失真情况下，用交流毫伏表测量 U_S 和 U_i 的有效值，计算输入 R_i。

②保持 $U_i = 10mV$ 不变，在输出 U_o 波形不失真情况下，用交流毫伏表测量 $R_L = \infty$ 时的 U_o 和 $R_L = 2.7k\Omega$ 时的 U_{oL}，计算输出 R_o。

（5）测绘放大的幅频特性

在电路理想放大状态下，保持 $U_i = 10mV$ 不变，改变 U_S 频率，先确定 f_L 和 f_H，然后自行定出若干频率点，测出每一频率下输出信号 U_o 值。自拟表格记录数据。

6. 报告要求

（1）整理数据表格，绘出电路三种状态（线性放大、饱和失真、截止失真）时 U_o 波形。

（2）总结集电极电阻 R_C、负载电阻 R_L 及静态工作点对电压放大倍数、输入输出电阻的影响。

（3）分析静态工作点变化对输出波形的影响。

实验 14　　阻容耦合多级放大器

1. 实验目的

（1）学习多级放大电路静态工作点的调试方法。
（2）掌握测试多级和负反馈放大电路性能指标的基本方法。
（2）研究负反馈对放大电路性能的影响。

2. 实验原理

（1）多级放大电路静态工作点的设置

为了提高电压增益或输出功率，需要多级（两级以上）放大电路。下面介绍两级放大电路。

第一级称为前置级，它的任务主要是接收信号，并与信号源进行阻抗匹配。因为整机的噪声主要来源于第一级，所以第一级的静态工作点选择得较低。

第二级称为电压放大级，主要是提高输出电压，因此要求动态范围大。静态工作点应选得高一点，一般选在交流负载线的中点。

本实验中，两级放大器的静态工作点都尽量选在交流负载线的中点。

（2）多级放大电路的性能指标

①交流电压放大倍数 A_V

多级放大器的电压放大倍数为多级放大器最大不失真输出电压 $U_{o_{max}}$ 和与此对应的输入电压 U_i 之比，它也等于该多级放大器每一级交流电压放大倍数的乘积：

$$A_V = \frac{U_{o_{max}}}{U_i} = \frac{U_{o_1}}{U_i} \cdot \frac{U_{o_2}}{U_{o_1}} \cdots \frac{U_{o_n}}{U_{o(n-1)}} = A_{V_1} \cdot A_{V_2} \cdots A_{V_m}$$

②通频带

在阻容耦合放大器中，由于存在级间耦合电容、发射极旁路电容以及导线的分布电容等，使放大器的工作频率范围受到一定的限制。多级放大器的工作频率范围，可以通过测试放大器的幅频特性来确定。在幅频特性曲线上，确定该放大器的上限频率 f_H 和下限频率 f_L，通频带即 $\Delta f = f_H - f_L$。

由理论推导，也可得到多级放大电路的上和下限截止频率：

$$\frac{1}{f_H} \approx 1.1 \sqrt{\left(\frac{1}{f_{H_1}^2} + \frac{1}{f_{H_2}^2} + \cdots + \frac{1}{f_{H_n}^2} \right)}$$

$$f_L \approx 1.1 \sqrt{\left(f_{L_1}^2 + f_{L_2}^2 + \cdots + f_{L_n}^2 \right)}$$

式中，f_{H_1}，f_{H_2}，$\cdots$，f_{H_n} 和 f_{L_1}，f_{L_2}，$\cdots$，f_{L_n} 分别为各级放大器的上、下限截止频率。

③输入、输出电阻

多级放大电路的输入电阻，就是第一级的输入电阻 R_i，输出电阻就是末级的输出电阻 R_o。

（3）反馈分类

①负反馈

如果反馈量 $\dot{X} = \dot{F}\dot{X}$，与输入量 $\dot{X}_i$ 相互作用的结果使净输入量 $\dot{X}_{id}$ 减小，即为负反馈。判断反馈极性时，用瞬时极性法。

②负反馈的类型

从放大器的输出端看：因为 $R_L = 0$，$U_o = 0$，若是电压反馈，则 $\dot{X}_f$ 取自 $\dot{U}_o$，故此时 $\dot{X}_f = 0$；否则，即为电流反馈。

从放大器的输入端看：当 R_S 短路（$R_S = 0$）时，若是并联反馈，则 $\dot{X}_f$ 加不到基本放大器的输入端；否则，即为串联反馈。

因此，由输入、输出端搭配，负反馈可分为：电压串联负反馈、电压并联负反馈、电流串联负反馈和电流并联负反馈。

（4）负反馈对放大器的性能的影响

①展宽通频带，减小放大器的非线性和线性失真，维护放大器对温度、电源电压和频率等变化时的稳定性。

②能灵活地调节放大器的输入和输出电阻。

输入电阻：串联负反馈能使闭环输入电阻 R_{i_f} 增加到开环输入电阻 R_i 的 $(1 + \dot{F}\dot{A})$ 倍；并联负反馈能使闭环输入电阻 R_{i_f} 减少到开环输入电阻 R_i 的 $\dfrac{1}{1 + \dot{F}\dot{X}}$。

输出电阻：由流负反馈能使闭环输出电阻 R_{o_f} 增加到开环输出电阻 R_o 的 $(1 + \dot{F}\dot{A})$ 倍；电压负反馈能使闭环输出电阻 R_{o_f} 减少到开环输出电阻 R_o 的 $\dfrac{1}{1 + \dot{F}\dot{A}}$。

③放大倍数

$$\dot{A}_f = \frac{\dot{A}}{|1 + \dot{F}\dot{X}|}$$

式中：$\dot{A}_f$——反馈放大电路的放大倍数（闭环），其值等于 $\dfrac{\dot{X}_o}{\dot{X}_f}$；

$\dot{A}$——不带反馈基本放大电路的放大倍数（开环），其值等于 $\dfrac{\dot{X}_o}{\dot{X}_{i_d}}$；

$\dot{F}$——反馈系数，其值等于 $\dfrac{\dot{X}_f}{\dot{X}_o}$。

$|1 + \dot{F}\dot{A}|$ 称为反馈深度。由负反馈 $|1 + \dot{A}\dot{F}| > 1$，推出 $\dot{A}_f < \dot{A}$。

3. 实验仪器

(1) 直流稳压电源

(2) 函数信号发生器

(3) 交流毫伏表

(4) 双踪示波器

(5) 数字万用表

4. 预习要求

(1) 阅读实验内容，了解阻容耦合多级放大器的工作原理及电路中各元件的作用。

(2) 了解负反馈放大器的工作原理及负反馈对放大电路性能的影响。

(3) 在图 3-5 所示电路中，若 $\beta_1 = \beta_2 = 60$，$R_L = 2k\Omega$ 时，计算开环时电路的各级电压放大倍数和总电压放大倍数。

5. 实验内容

(1) 调整测试静态工作点

按图 3-5 所示电路接入 $U_{CC} = +12V$ 直流电源，开关 K_1 置断开状态。在放大电路输入端接入 $f = 1000Hz$ 的正弦交流信号 U_S，调整函数信号发生器输出幅度旋钮使输入

U_i 电压有效值 $U_i = 5\text{mV}$，用示波器在放大器输出端观察 U_{o_2}，缓缓加大 U_i，调节 R_{W_1} 和 R_{W_2}，使 U_{o_2} 达到最大不失真输出 U_{O2max}。然后，撤去 U_i，测出 U_B、U_C、U_E 的值，计算 I_E、U_{CE}、r_{BE}。测试计算结果记录在表 3-4 中。

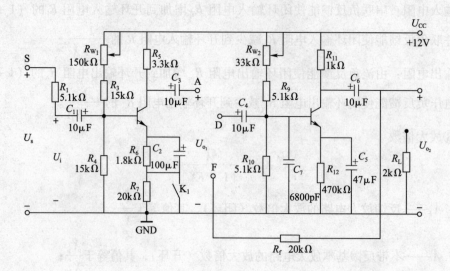

图 3-5

表 3-4

放大器	测试值			计算值		
	U_C/V	U_B/V	U_E/V	I_E/mA	U_{CE}/V	r_{BE}/Ω
第一级						
第二级						

（2）测试开环状态下放大电路的性能

①测试电压放大倍数 A_V，输入电阻 R_i，输出电阻 R_o。将正弦信号 $U_i = 5\text{mv}$，$f = 1000\text{Hz}$ 接入电路。用示波器在放大器输出端观察 U_{o_1}、U_{o_2} 的波形，在输出波形不失真的情况下，按表 3-5 中所示，分别测出 U_i、U_S、U_{o_1}、U_{o_2}、U_{o2L} 的值，计算 A_{V_1}、A_{V_2}、A_V 和 R_i、R_o 的值。R_i 和 R_o 的测量计算方法跟实验 12 中的方法相同。

表 3-5

状态	条件	U_i/V	U_S/V	U_{o_1}/V	U_{o_2}/V	R_i/Ω	R_o/Ω	A_{V_1}	A_{V_2}
无反馈	$R_L = 2\text{k}\Omega$								
	$R_L = \infty$								
有反馈	$R_L = 2\text{k}\Omega$								
	$R_L = \infty$								

②在电路理想放大状态下，保持 $U_i = 5\text{mV}$ 不变，改变 U_S 频率，先确定 f_L 和 f_H，然后根据公式 $\Delta f = f_H - f_L$，求出放大器的通频带 Δf。将测试和计算结果记录在表 3 – 6 中。f_L 和 f_H 的测量计算方法跟实验 12 中的方法相同。

表 3 – 6

条　　件	f_L/Hz	f_H/ Hz	Δf/Hz
无反馈			
有反馈			

（3）测试闭环状态下放大电路的性能

将负反馈电阻 $R_f = 20\text{k}\Omega$ 接入前一级晶体管发射极。按上述实验内容（2）的步骤，测出对应参量、计算出有关结果记录在表 3 – 5 和表 3 – 6 中。

6. 报告要求

（1）整理实验数据表格，总结多级放大电路放大倍数的计算关系。

（2）根据实验结果，总结负反馈对放大电路性能的影响。

实验 15　　差动放大电路

1. 实验目的

（1）加深理解差动放大器的工作原理和特征性能。

（2）掌握差动放大器的主要性能参数的测试方法。

（3）了解零漂现象及其抑制方法。

2. 实验原理

差动放大电路，具有优异的差模输入特性，能有效地抑制零点漂移，被广泛地应用于自动控制电路及测量仪表电路中，也是模拟集成电路中使用最广泛的单元电路。它几乎是所有集成运放、数据放大器、模拟乘法器、电压比较器等电路的输入级，又决定着这些电路的差模输入特性、共模拟制特性、输入失调特性和噪声特性。

由于差动放大电路的设计是对称电路设计，理想情况下，元件参数是完全对称的。当两管由于电源电压变化、温度变化、噪声等原因引起零点漂移时，两双极性晶体管的集电极电流 I_C 变化相同，U_C 变化也相同。因此，在两管集电极之间的输出互相抵消，故能有效地抑制零点漂移。

在实际电路中，由于元件参数不能完全对称，故不能完全抵消共模信号，常用共模抑制化 CMRR 来衡量差动放大器性能的好坏。

$$\text{CMRR} = 20\lg \frac{A_{V_d}}{A_{V_c}} \text{ （dB）}$$

式中：A_{v_d}——差模放大倍数；

　　　A_{v_c}——共模放大倍数。

CMRR 越大，差动放大器抑制共模干扰的能力越强。

3. 实验仪器

（1）直流稳压电源

（2）函数信号发生器

（3）交流毫伏表

（4）双踪示波器

（5）数字万用表

4. 预习要求

（1）阅读差动放大器的工作原理和特点。

（2）根据电路图的参数估算静态值。

5. 实验内容

（1）调零，测试静态工作点

①放大器的调零

按图 3－6 所示连接 A_{13}、A_{14}，将放大器输入端 A、B 接地，接通直流电源 ±12V，用万用表测量 U_{o_1}、U_{o_2} 之间的电压 U_o，调节调零电位器 R_{w_1}，使双端输出电压 $U_o = 0$。

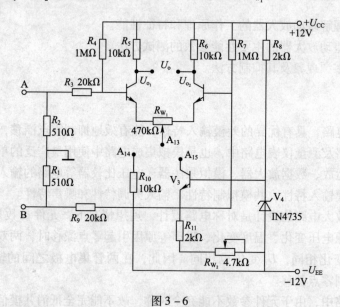

图 3－6

②测量静态工作点

调零完成后，用万用表分别测量两晶体管各电极对地电压，记录在表 3－7 中，观察电路是否对称。

表 3 - 7

U_{B_1}/V	U_{E_1}/V	U_{C_1}/V	U_{B_2}/V	U_{E_2}/V	U_{C_2}/V

（2）测试差模放大性能

①双端输入差模直流信号 $U_I = 0.2V$，测试单端输出电压 $U_{o_{d_1}}$、$U_{o_{d_2}}$ 和双端输出电压 U_{o_d}，计算放大倍数 $A_{V_{d_1}}$、$A_{V_{d_2}}$ 和双端电压放大倍数 A_{V_d}。因为输入信号为直流，直流信号经放大后迭加在集电极的静态工作点上，故在计算单端电压放大倍数时，其输出电压应扣除静态电压值：

$$U_{o_{d_1}} = U'_{o_{d_1}} - U_{c_1}$$
$$U_{o_{d_1}} = U'_{o_{d_2}} - U_{c_2}$$

式中，$U'_{o_{d_1}}$、$U'_{o_{d_2}}$ 为 $U_{o_{d_1}}$、$U_{o_{d_2}}$ 的测量值。

②双端输入差模交流信号 $U_i = 100mV$，$f = 500Hz$ 正弦信号，测试 $U_{o_{d_1}}$、$U_{o_{d_2}}$ 和 U_{o_d}，计算 $A_{V_{d_1}}$、$A_{V_{d_2}}$、A_{V_d}。用双踪示波器测试时，Y_1 测 $U_{o_{d_1}}$，Y_2 测 $U_{o_{d_2}}$，U_{o_d} 的测试须用 $Y_1 + Y_2$（－）功能，Y_2 必须用负极性。将以上测量数据记录在表 3 - 8 中。

表 3 - 8

条件	输入信号		测量值			计算值		
			$U_{o_{d_1}}/V$	$U_{o_{d_2}}/V$	U_{o_d}/V	$A_{V_{d_1}}$	$A_{V_{d_2}}$	A_{V_d}
$R_E = 10k\Omega$	直流	$U_I = 0.2V$						
	交流	$U_i = 100mV$						
恒流源	交流	$U_i = 100mV$						

（3）测试共模放大性能

①两输入端连接，输入共模直流信号 $U_I = 0.2V$，测试单端输出电压 $U_{o_{c_1}}$、$U_{o_{c_2}}$ 和双端输出电压 U_{o_c}。因为输入信号为直流，直流信号经放大后迭加在集电极的静态工作点上，故在计算单端电压放大倍数时，其输出电压也应扣除静态电压值：

$$U_{o_{c_1}} = U'_{o_{c_1}} - U_{C_1}$$
$$U_{o_{c_2}} = U'_{o_{c_2}} - U_{C_2}$$

式中，$U'_{o_{c_1}}$、$U'_{o_{c_2}}$ 为 $U_{o_{c_1}}$、$U_{o_{c_2}}$ 的测量值。

②两输入端连接，输入共模交流信号 $U_i = 100mV$，$f = 500Hz$ 正弦信号，测试 $U_{o_{c_1}}$、$U_{o_{c_2}}$、U_{o_c}，计算 $A_{V_{c_1}}$、$A_{V_{c_2}}$、A_{V_c}。用双踪示波器测量时，Y_1 测 $U_{o_{c_1}}$，Y_2 测 $U_{o_{c_2}}$，测 U_{o_c} 时须用 $Y_1 + Y_2$（－）功能，Y_2 必须用负极性。将以上测量数据记录在表 3 - 9 中。

表 3 – 9

条件	输入信号		测量值			计算值		
			U_{oC_1}/V	U_{oC_2}/V	U_{oC}/V	$A_{V_{C_1}}$	$A_{V_{C_2}}$	A_{V_C}
$R_E = 10k\Omega$	直流	$U_1 = 0.2V$						
	交流	$U_i = 100mV$						
恒流源	交流	$U_i = 100mV$						

根据差模放大倍数和共模放大倍数的测试数据，计算差动放大器的共模抑制比。

（4）具有恒流源的差动放大电路性能测试

按图 3 – 6 连接 A_{13}、A_{15}，将放大电路接恒流源，其他电路参数不变。

在输入正弦交流信号 $U_i = 100mV$，$f = 500Hz$ 时，测量其差模、共模信号参数，记录在表 3 – 8、表 3 – 9 中，计算出 A_{V_d} 和 A_{V_c}，求出共模抑制比，与前面实验电路的共模抑制比进行比较，说明两种电路的各自性能与特点。

6. 报告要求

（1）整理数据表格，用坐标纸绘出观察的波形，并比较 U_i、U_{C_1}、U_{C_2} 之间的相位关系。

（2）总结差动放大器的特点。

（3）根据实验结果，总结电阻 R_E 和恒流源的作用。

实验 16　功率放大器

1. 实验目的

（1）学习调整测试 OTL 电路的基本方法。

（2）了解自举电路对输出幅度的改善作用。

（3）学习集成功率放大器的使用。

2. 实验原理

（1）概述：功率放大器的任务是将前级送来的信号进行功率放大，以获得足够大的功率输出。功放管通常是在大信号状态下工作，其工作电压和电流都比较大，往往是在接近极限状态下使用。因此，在功率放大器中，下列问题应引起重视。

①输出功率：在信号噪声比一定的情况下，有足够的功率输出。

②失真：由于功放管是在大信号下工作，非线性失真问题很突出。

③能耗与效率：一台电子设备消耗的电源功率，主要是在功放级，所以效率问题也是很重要。安装功放电路时，还应注意按手册的建议给功放管装散热片，否则管子的使用功率会下降很多，甚至损坏管子。

（2）OTL 功率放大器

OTL 功率放大器是采用互补对称电路，不需要变压器的功率放大器。本实验电路如图 3-7 所示，采用了深度负反馈来改善非线性失真，并利用自举电路提高输出幅度。

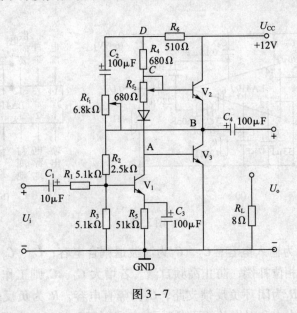

图 3-7

①静态工作点的调整

静态工作点的调整是利用电位器 R_{f_1} 改变 V_1 管的偏置，调整 V_1 管集电极电压 U_A。电位器 R_{f_2} 用来调整输出管 V_2 和 V_3 的基级偏置电压 U_{C_A}，使输出管获得所需要的静态电流。改变 R_{f_1} 和 R_{f_2} 时，它们是互相影响的，所以需反复调节，以满足 U_B 和 I_C 的要求。

②功率放大器最大输出功率及效率的测量方法

a. 最大输出功率 P_{max} 的测量

当电路在带负载 R_L 情况下，增大功率放大器的输入 U_i，使输出 U_o 最大且不失真，测输出电压的有效值 U_o，计算输出功率：

$$P_{max} = \frac{U_o^2}{R_L}$$

b. 直流电压供电功率 P_E 的测量

测量稳压电源供给功率放大器的直流电流值 I_Q，则直流电源供电功率为：

$$P_E = E_C I_Q$$

c. 功率放大器的效率是最大输出功率与供电功率之比，计算方法为：

$$\eta = \frac{P_{max}}{P_E} \times 100\%$$

式中：P_E——输出功率为最大时所测得的直流电源功率值。

（3）LA4100 集成音频功率放大器

集成音频功率放大器的内部电路一般均为 OTL 或 OCL 电路形式，它不仅具有 OTL 或 OCL 音频功率放大器的优点，而且体积小、工作电压低、效率高、可靠性好以及应用方便。集成音频功率放大器广泛用于收音机、录音机和扩大机等音响产品中。

图 3 - 8 （a）为 4100 集成音频功率放大器的典型应用线路。图 3 - 8 （b）为其管脚及作用图。

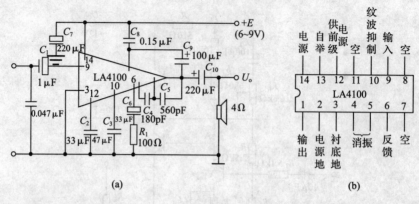

（a）

（b）

图 3 - 8

图 3 - 8 （a）中 C_1 为输入电容；C_2、C_3 为滤波退耦合电容；C_4、C_5 为消振电容，其作用为对高频端进行相位补偿，防止高频自激。若增大 C_4、C_5 则工作稳定性增加，但高频增益降低；C_6、R_1 为闭环负反馈支路，C_6 为隔直电容，R_1 为负反馈电阻，其阻值大小可根据输入信号大小和对增益的要求选取，一般在 27 ~ 200Ω 之间；C_7 为电源滤波电容；C_8 为防振电容，其作用是抵消扬声器线圈的影响，使之近于线阻，防止高频自激；C_9 为自举电容；C_{10} 为输出隔直耦合电容，当负载为 4Ω 时，输出功率为 1W，负载为 8Ω 时，输出功率为 0.5W。

3. 实验仪器

（1）直流稳压电源

（2）信号发生器

（3）交流毫伏表

（4）双踪示波器

（5）数字万用表

4. 预习要求

（1）阅读实验内容，了解功率放大器的基本工作原理。

（2）根据图 3 - 7，说明 V_2，V_3 的导通与输入信号 U_i 的极性关系，完成填空。

U_i 正半周：_____导通_____截止。

U_i 负半周：_____导通_____截止。

5. 实验内容

（1）OTL 电路

①调整静态工作点。按图 3 - 7 所示电路接入 12V 电源，调节 R_{f_1} 和 R_{f_2} 电位器使

$U_B = \dfrac{1}{2}U_{CC}$，本实验 $U_{CC} = 12\text{V}$，所以可调 $U_B = 6\text{V}$，$I_{C_2} = I_{C_3} = 1.6\text{mA}$。注意：要反复调节 R_{f_1} 和 R_{f_2}，调节过程中 I_{C_2} 或 I_{C_3} 均不得超过 10mA。测量 U_A、U_B、U_C、U_D 的值，自拟表格记录数据。

②测试电压放大倍数 A_V，输出功率 P_{max} 及电源供电效率

接入负载 $R_L = 8\Omega$，从函数信号器中输入正弦信号 $f = 1000\text{Hz}$、电压有效值 $U_i = 100\text{mV}$，用示波器观察使输出 U_o 的波形，在不失真的情况下，测量输出电压 U_o 和稳压电源供给功率放大器的直流电流值 I_Q 的值，计算放大倍数 A_V 及输出功率 P_{max} 和电源供电效率。自拟表格记录数据。

③观察自举电容 C_2 的作用。用示波器观察并记录，当 C_2 接通和断开时的 U_o 波形，并进行比较。

④交越失真的研究：$R_L = 8\Omega$，调节 R_{f_2} 使 $U_{CB} \leqslant 0.6\text{V}$，输入正弦信号 $U_i = 100\text{mV}$，$f = 1000\text{Hz}$，用示波器观察两管的输出波形。

（2）集成功放。按图 3 - 8（a）接线，输入正弦信号 $U_i = 100\text{mV}$，$f = 1000\text{Hz}$，用示波器观察输出波形，测试 U_o，计算放大倍数 A_V 和功率 P。

6. 报告要求

（1）整理数据表格，用坐标纸绘出实验中观察的波形。

（2）根据实验测试和观察的结果，说明交越失真产生的原因。

（3）完成预习要求（2）的内容。

实验 17　集成运算放大器的运算电路

1. 实验目的

（1）掌握集成运算放大器的正确使用方法。

（2）了解集成运算放大器的基本特性。

（3）掌握集成运放的基本运算电路的组成与测试。

2. 实验原理

集成运算放大器的种类很多，用途各异，但它们都是由差动输入直接耦合的多级放大器构成。

（1）集成运算放大器的基本特性

尽管运算放大器的种类很多、用途各异，但它们都是由差动输入直接耦合的多级放大器构成，都有两个输入端和一个输出端。运算放大器的电路符号如图 3 - 9 所示。

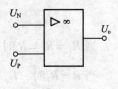

图 3 - 9

其中标有"−"为反相输入信号端，输入信号用 u_N 表示。标有"+"为同相输入信号端，输入信号用 u_P 表示。

对于工作在线性区的理想运算放大器，利用其理想参数导出下面两条重要基本特性：

①理想运放的两输入端之间的电压差为零，即 $U_i = U_N - U_P = 0$ 或 $U_P = U_N$。

②理想运放的两输入端不取用电流，即 $i_i = 0$。

这两条基本特性是集成运算放大器的线性应用电路分析的基本出发点。

（2）运算放大器的线性应用

①同相放大器

同相放大器电路如图 3 – 10 所示。运放在理想化条件下，其闭环电压增益为：

$$A_{V_f} = A_{V_f} = \frac{U_o}{U_i} = 1 + \frac{R_F}{R_1}$$

由上式可知，当 R_F 取有限值时，A_{V_f} 大于 1，当 $R_1 \rightarrow \infty$（或 $R_F = 0$）时，同相放大器变为跟随器。

②反相放大器

反相放大器电路如图 3 – 11 所示。在理想条件下，反相放大器的闭环增益为：

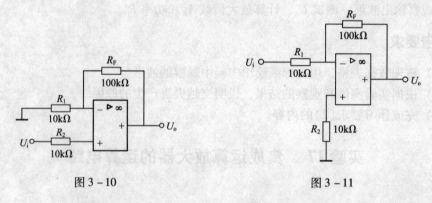

图 3 – 10　　　　　　　　　　　图 3 – 11

$$A_{V_f} = \frac{U_o}{U_i} = -\frac{R_F}{R_1}$$

由上式可知，$\frac{R_F}{R_1}$ 比值选择不同电阻时，A_{V_f} 的大小不同，当 $R_F = R_1$ 时，$U_o = -U_i$，反相放大器变为反相器。反相放大器属电压并联负反馈放大电路，输入、输出阻抗都比较低。

③加法器

如果在反相输入端增加若干输入电路，就构成反相加法运算电路，如图 3 – 12 所示。在理想条件下，由于迭加点为"虚地"，各输入电压通过自身输入回路电阻转换为电流进行代数和运算。因此，加法器的输出电压为：

$$U_o = -\left(\frac{R_F}{R_1} U_{i_1} + \frac{R_F}{R_2} U_{i_2} \right)$$

当 $R_1 = R_2 = R$ 时，$U_o = -\frac{R_F}{R}\left(U_{i_1} + U_{i_2} \right)$

当 $R = R_F$ 时，$U_o = \left(U_{i_1} + U_{i_2} \right)$

④减法器

如果同相、反相两个输入端都有信号输入，则为差分输入。图 3 – 13 是减法器电路，其输出电压为：

$$U_{\mathrm{o}} = \left(1 + \frac{R_{\mathrm{F}}}{R_1}\right) \frac{R_3}{R_2 + R_3} U_{\mathrm{i}_2} - \frac{R_{\mathrm{F}}}{R_1} U_{\mathrm{i}_1}$$

当 $R_1 = R_2$ 和 $R_{\mathrm{F}} = R_3$ 时，$U_{\mathrm{o}} = \dfrac{R_{\mathrm{F}}}{R_1}(U_{\mathrm{i}_2} - U_{\mathrm{i}_1})$

当 $R_{\mathrm{F}} = R_1$ 时，$U_{\mathrm{o}} = U_{\mathrm{i}_2} - U_{\mathrm{i}_1}$

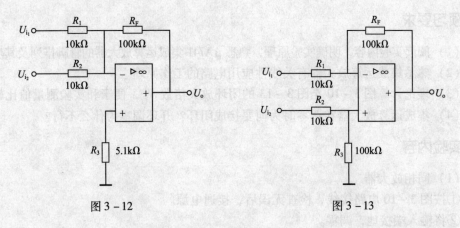

图 3 – 12　　　　　　　　　　　　　　　图 3 – 13

（3）集成运算放大器的调零

由于集成运算放大器的输入级一般为差分电路，为了消除静态偏流对输出电压的影响，保持差分输出级的平衡对称，需要进行调零。集成运算放大器的调零一般需外接电位器。

为了防止输入信号电压过大使集成运算放大器的输入级损坏，在运算放大器两输入端接两个反向并联的二极管，使放大器输入电压箝制在二极管的正向压降范围内，以保护运放的输入级。

本次实验使用的是 μA741 集成运算放大器，采用正负电源供电，在接入时务必谨慎。μA741 管脚排列及其功能如图 3 – 14（a）、（b）所示。

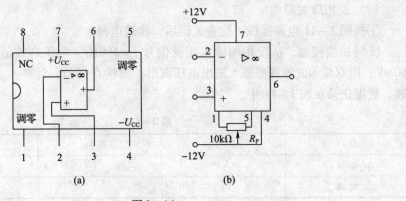

(a)　　　　　　　　　　(b)

图 3 – 14

3. 实验仪器

(1) 直流稳压电源
(2) 函数信号发生器
(3) 示波器
(4) 交流毫伏表
(5) 数字万用表

4. 预习要求

(1) 阅读实验内容,明确实验原理,熟悉 μA741 集成运算放大器的管脚排列及其功能。
(2) 熟悉集成运算放大器有关线性应用电路的工作原理。
(3) 理论计算图 3 – 10 至图 3 – 13 的闭环放大倍数 A_{V_f},便于和实验测量值比较。
(4) 集成运算放大器在调零时为何要接成闭环? 开环调零为什么不行?

5. 实验内容

(1) 同相放大器
①按图 3 – 10 电路接线,检查无误后,接通电源。
②将输入端接地,调零。
③反相端接地,从同相端分别输入直流电压信号 U_i 为 0.2V、0.4V、0.6V,测试 U_o,并计算同相输入的闭环电压放大倍数 A_{V_f} 与理论计算值进行比较。实验结果记录在表 3 – 10 中。

表 3 – 10

U_i/V	U_o/V	实验 A_{V_f}	理论 A_{V_f}
0.2			
0.4			
0.6			

(2) 反相放大器
①按图 3 – 11 电路接线,检查无误后,接通电源。
②同相端接地,从反相端输入正弦信号 $f = 500\text{Hz}$,电压有效值 U_i 分别为 40mV、80mV,用双踪示波器观察输入输出电压波形。测量 U_o 的值,计算 A_{V_f} 并与理论计算值比较。数据记录在表 3 – 11 中。

表 3 – 11

U_i/V	U_o/V	实验 A_{V_f}	理论 A_{V_f}
0.04			
0.08			

（3）加法器

①按图 3 – 12 电路接线，检查无误后，接通电源。

②将输入端接地，调零。

③同相端接地，反相端分别输入 $U_{i_1} = 0.2V$、$U_{i_2} = 0.4V$ 和 $U_{i_1} = -0.5V$、$U_{i_2} = -0.3V$ 两组直流电压信号，测试 U_o，并与理论计算值比较。数据记录在表 3 – 12 中。

表 3 – 12

U_{i_1}/V	U_{i_2}/V	U_o/V	实验 A_{V_f}	理论 A_{V_f}
0.2	0.4			
– 0.5	– 0.3			

（4）减法器

①按图 3 – 13 所示电路接线，检查无误后，接通电源。

② 将输入端接地，调零。

③反相端和同相端分别输入两组直流电压信号 $U_{i_1} = 0.3V$、$U_{i_2} = -0.4V$ 和 $U_{i_1} = -0.2V$、$U_{i_2} = -0.4V$，测试 U_o，并与理论计算值进行比较。数据记录在表 3 – 13 中。

表 3 – 13

U_{i_1}	U_{i_2}	U_o	实验 A_{V_f}	理论 A_{V_f}
0.3	– 0.4			
– 0.2	– 0.4			

（5）自行设计射极跟随器、比例积分器、比例微分器实验电路并进行仿真和实验。

6. 报告要求

（1）整理实验数据，结合理论计算值进行误差分析。

（2）运算放大器为什么要在带有负反馈的闭环壮态下调零？如果发现运放的输出电压接近正或负向电源电压，分析可能出现了什么问题？

实验 18　文氏桥振荡器

1. 实验目的

（1）学习文氏桥振荡电路的工作原理和电路接线。

（2）学习振荡电路的调整与测量方法。

2. 实验原理

（1）正弦波发生器有很多种，但最常见的是由文氏电桥组成的 RC 振荡器，如图

3 – 15所示。

由图 3 – 15 可知，输出电压通过 RC 串并联网路分压，输入到运放的同相输入端，形成正反馈。经计算，在谐振频率 $f_0 = \dfrac{1}{2\pi RC}$ 时，其反馈系数为 $\dot{F} = \dfrac{1}{3}$。同时，输出电压 $\dot{U}_0$ 通过 R_1 和 R_2 分压，输入到反相输入端而形成负反馈。假如输入同相端的正反馈信号，其放大倍数 $\dot{A} = 1 + \dfrac{R_1}{R_2}$，并且保证 $\dot{A}_f = 3$，可满足 $|\dot{A} \cdot \dot{F}| = 1$ 的幅值振荡条件。这样，此电路便可产生频率 $f_0 = \dfrac{1}{2\pi RC}$ 的正弦信号。但这种电路比较简单，没有稳幅电路。当电路中的电容和电阻的数值随着温度等因素改变时，其振荡条件就要受到破坏，电路将会产生增幅或减幅振荡。如果为增幅振荡，运算放大器工作在正、负饱和工作状态，输出波形为方波；如果是减幅振荡，电路就会停振，解决办法是在负反馈网络中加入稳幅电路。

（2）图 3 – 16 所示电路，是在负反馈网络中加入稳幅电路的文氏桥振荡器。

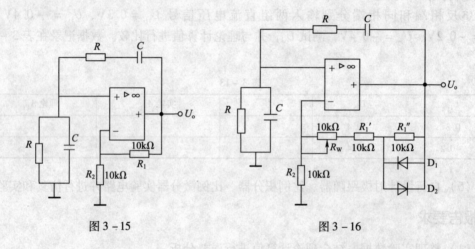

图 3 – 15　　　　　　　　　　　图 3 – 16

图中 D_1、D_2 是两个 2CP 型二极管。利用其正向导通时电阻的非线性，以改变负反馈量而进行稳幅。如当输出幅度增大时，流过 D_1 和 D_2 的正向电流增大，其正向电阻减少，负反馈加强，使输出幅度降低。如果输出幅度降低，流过 D_1、D_2 的电流减小，使其正向电阻加大，负反馈减弱，又使输出幅度增大。调节电位器 R_W，可方便地使电路起振。通常电阻 R 及其他电阻值都可在几欧姆到几十千欧姆范围内选取，然后根据公式计算出电容 C 的数值。

3. 实验仪器

（1）双踪示波器

（2）交流毫伏表

（3）直流稳压电源

（4）数字频率计

4. 预习要求

复习文氏桥振荡电路的工作原理，计算振荡频率。

5. 实验内容

按图 3-16 连接实验电路，接 ±12V 电源。

（1）调节电位器 R_W 使输出波形从无到有，从正弦波到出现失真。用示波器观察记录上述情况下输出 U_o 的波形。分析负反馈强弱对起振条件及输出波形的影响。

（2）调节电位器 R_W，使输出电压 U_o 幅值最大且不失真，用交流毫伏表分别测量输出电压 U_o，反馈电压 V + 和 V -，分析研究振荡的幅值条件。

（3）用示波器测量振荡频率 f_0，然后在选频网络的两个电阻 R 上并联同一阻值电阻，观察记录振荡频率的变化情况。

※（4）断开二极管 D_1、D_2，重复实验（2）的内容，将测试结果与实验内容（2）的结果进行比较，分析 D_1、D_2 的稳幅作用。

（5）仿真实验

用 μA741 集成运放，按图 3-17 接线，元件参数分别为：$R_f = 10k\Omega$，$C_f = 0.01\mu F$，$R_3 = 200\Omega$，$R_1 = R_2 = 10k\Omega$，$R_W = 20k\Omega$，稳压管 D_1、D_2 选用 2DW7。

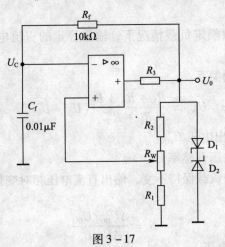

图 3-17

①将 R_W 调至中心位置，用示波器观察记录 U_o 和 U_C 的波形，测量 U_o 和 U_C 的幅值及频率。

②改变 R_W 动点的位置、观察 U_o、U_C 幅值及频率变化情况。当把 R_W 动点调至最上端和最下端时，测试频率变化的范围并记录。

6. 报告要求

（1）列表整理实验数据，画出波形，用实测频率与理论计算进行比较。

（2）根据实验结果，分析文氏桥振荡器的振幅条件。

（3）讨论 D_1、D_2 的作用。

7. 设计实验

设计一个正弦波发生器。指标：频率 $f = 1000\text{Hz}$，幅度 $U_{\text{om}} = 2\text{V}$。

要求：（1）画出电路原理图。

（2）按指标计算电路参数。

（3）拟定测试步骤和提出使用设备的型号。

实验 19   直流稳压电源

1. 实验目的

（1）加深理解滤波电路、整流滤波电路和串联型稳压电路的特点。

（2）学习直流稳压电源主要技术指标的测量方法。

（3）学习集成稳压器的设计于使用。

2. 实验原理

直流稳压电源的技术指标一般如下：

（1）输出电压范围

表示在直流稳压电源额定负载情况下，输出稳定的直流电源的最大值与最小值范围。

在本实验中存在下列关系：

$$U_{\text{DO}} = \frac{R_1 + R_P + R_2}{R_2 + R'_P}(U_Z + U_{\text{BE3}})$$

调节 R_P' 可以改变输出电压 U_{DO}。

（2）稳压系数 S（电压调整率）

稳压系数定义为：当负载保持不变，输出直流电压相对变化量与输入电压相对变化量之比，即：

$$S = \frac{\Delta U_{\text{DO}} / U_{\text{DO}}}{\Delta U_r / U_r}$$

式中：U_{DO}——输出直流电压；

U_r——输入电压。

由于工程上常把电网电压波动 $\pm 10\%$ 作为极限条件，因此也有将此时输出直流电压的相对变化 $\dfrac{\Delta U_{\text{DO}}}{U_{\text{DO}}}$ 作为衡量指标，称为电压调整率。一般 $\left|\dfrac{\Delta U_{\text{DO}}}{U_{\text{DO}}}\right| \leqslant 1\%$。

（3）负载调整率

表示负载电流从零变化到该电源的最大输出电流值时，输出电压的相对变化量。一般 $\left|\dfrac{\Delta U_{\text{DO}}}{U_{\text{DO}}}\right| \leqslant 1\%$。

（4）纹波电压

纹波电压是指输出直流电压上交流分量的大小，也可以用纹波因数 r 表示：

$$r = \frac{u_{\text{do}}}{U_{\text{DO}}} \times 100\%$$

式中：u_{do}——负载上纹波电压有效值。

3. 实验仪器

（1）电源变压器
（2）交流毫伏表
（3）双踪示波器
（4）数字万用表
（5）模拟电路实验箱

4. 预习要求

（1）参阅整流、滤波及串联型直流稳压电路的工作原理，明确直流稳压电源主要技术指标的意义及测试方法。

（2）参阅附录，了解集成三端稳压器的使用方法及注意事项。

（3）思考：如果滤波电容极性接反了会怎样？怎样判断电解电容的好坏？

5. 实验内容

串联型直流稳压电路。

（1）整流滤波电路如图 3 – 18 所示。

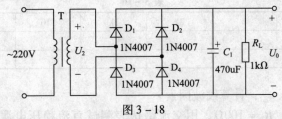

图 3 – 18

从实验箱上接入交流电源 $U_2 = 12\text{V}$，测试 U_2、U_o'、U_o。其中 U_o' 是未接 470 μF 滤波电容的整流输出。用示波器观察 U_2、U_o'、U_o 波形，记录在表 3 – 14 中。

表 3 – 14

被测量	U_2/V	U_o'/V	U_o/V
电压值/V			
波形			

（2）串联型直流稳压电路如图 3 – 19 所示。

①测试输出直流电压范围

调节电位器 R_P，当 $U_{\text{DO(max)}}$ 时，测试 U_O、U_{DO}、U_{CE_1}、U_{C_3}、U_{B_3}、U_{E_3}；当 $U_{\text{DO(min)}}$ 时，再测试 U_O、U_{DO}、U_{CE_1}、U_{C_3}、U_{B_3}、U_{E_3}。结果记录在表 3 – 15 中。

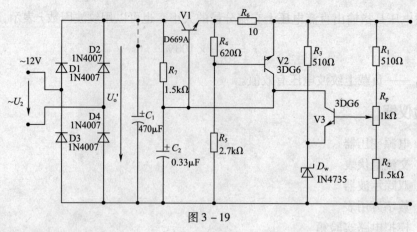

图 3 – 19

表 3 – 15

被测量 / R_P 位置	U_0/V	U_{DO}/V	U_{CE_1}/V	U_{B_3}/V	U_{E_3}/V	U_{C_3}/V
顺时针到底						
逆时针到底						

②测试负载调整率

调节 R_P，使稳压电路空载输出 $U_{DO} = 10V$，接入负载电阻 R_L 分别为：2kΩ、1kΩ、510Ω、200Ω、100Ω，测出各负载状态下 U_{DO}，结果记录在表 3 – 16 中，并根据测试结果做成负载特性曲线。

表 3 – 16

R_L/Ω	∞	2k	1k	510	200	100
U_{DO}/V						
$I_L = U_{DO}/R_L$						

③测试纹波电压 u_{do}，计算纹波因素 r

保持 $U_{DO} = 10V$，$R_L = 100\Omega$，用交流毫伏表测试直流稳压电源输出端的交流分量 u_{do}，计算纹波因素 r。

6. 报告要求

（1）整理实验数据。根据实验数据分析、评价所测直流稳压电源的性能。

（2）串联型直流稳压电路由几部分组成？各部分在电路中起何作用？

（3）提高稳压电源性能有哪些技术措施？

实验 20 可控整流电路

1. 实验目的

（1）了解晶闸管、单结晶体管的工作原理，学习判断晶闸管好坏的简易方法。

（2）观察了解触发电路各部分的波形及触发脉冲的形成过程。

（3）观察可控整流的输入输出波形，研究触发脉冲对输出电压的控制作用。

2. 实验原理

（1）晶闸管

普通晶闸管（SCR）是由 PNPN 四层半导体材料构成的三端半导体器件，三个引出端分别为阳极 A、阴极 K 和控制极 G，图3－20是其电路图形符号。

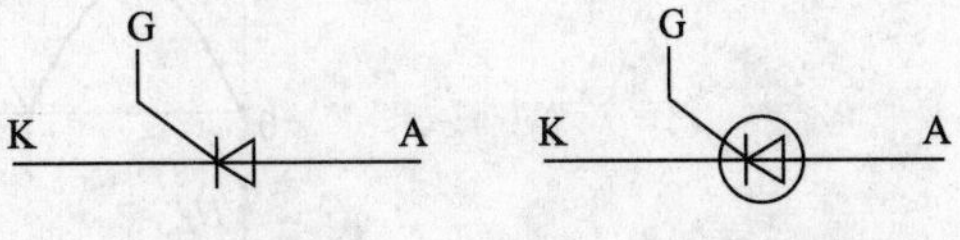

(a)　新图形符号　　　　(b)　旧图形符号

图 3－20　普通晶闸管图形符号

晶闸管的好坏可以用万用表简易测试。晶闸管在导通前，阳极 A 与阴极 K 之间是呈断开状态，控制极与阳极之间正反向电阻都很大，控制极与阴极之间反向电阻也很大，而正向电阻却不大（约几百欧姆）；晶闸管在触发导通后，阳极与阴极之间的压降约为 1.2V。判断晶闸管好坏时，万用表黑表笔（内部电池" ＋ "）接晶闸管阳极 A，红表笔（内部电池" － "）接阴极 K，用 $R \times 1$ 挡；用导线将阳极和控制极 G 短接，此时在万用表上有一个大小约为十几欧姆的电阻示值，此电阻值即为晶闸管导通时正向电阻；导通后将触发信号断开，万用表上仍保持正向电阻大小不变，该项实验即可证明所测晶闸管是良好的。

晶闸管具有可控单向导电性。要使晶闸管工作，必须在阳极与阴极之间加上一定的正向电压，同时还要在控制极与阴极之间加上正向控制脉冲。当不满足以上条件，或者阳极电流小于维持电流，都会使得晶闸管截止。控制极上触发脉冲加入的时间可改变输出直流电压的平均值。单相半控桥式整流，其 $U_{o} = 0.9 \times \dfrac{1 + \cos \alpha}{2}$，单相半波可控整流 $U_{o} = 0.45 \times \dfrac{1 + \cos \alpha}{2}$。

（2）单节晶体管脉冲发生器

单节晶体管触发脉冲电路如图 3－21 所示。

整流电压 U_{D} 经稳压管 D_{Z} 削波后，成为近似梯形波，该梯形波电压通过 R_{P} 向电容

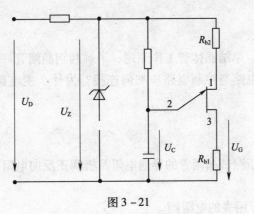

图 3－21

C 充电，充电电压加在单结晶体管 e 极上。当电容的电压达到单结晶体管的峰点电压 U_p 时，单节晶体管导通，在 R_{b1} 上就会得到正向脉冲 U_G。改变 R_p 的大小就会改变充电常数，也就改变在 R_{b1} 上产生第一个脉冲的时间。用这个脉冲去触发晶闸管的控制极，就可以控制晶闸管的导通。触发电路各级波形如图 3 – 22 所示。

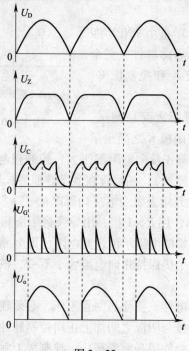

图 3 – 22

3．实验仪器

（1）电源变压器

（2）双踪示波器

（3）数字万用表

（4）模拟电路实验箱

4．预习要求

（1）参阅晶闸管、单结晶体管工作原理，了解判别晶闸管好坏的方法。

（2）在实验中主电路与控制电路应如何连接？为什么主电路与控制电路的负端不能直接相连？

5．实验内容

（1）用万用表判断测试晶闸管的导通电阻及极间正反向电阻，结果记录在表 3 – 17 中。

注意：正确选择万用表的电阻挡。

表 3-17

测 量	R_{GK}/Ω	R_{AG}/Ω	R_{AK}/Ω
正 向			
反 向			

（2）可控整流

①按图 3-23 连接电路，并仔细检查，确保电路连接正确。

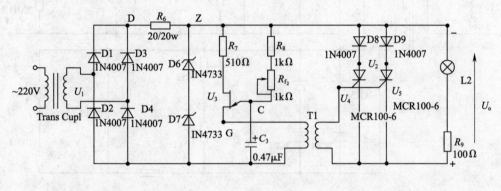

图 3-23

②将电源变压器与触发电路主电路接通，调节自耦变压器，使得 $U_1 = U_2 = 18\text{V}$。

观察单结晶体管脉冲发生器各级波形，观察 R_{f_2} 对脉冲形成时间的影响，结果记录在表 3-18 中。

表 3-18

被测量		U_D/V	U_Z/V	U_C/V	U_G/V
波形	$R_P \uparrow$				
	$R_P \downarrow$				

③单相桥式可控整流

调节 R_{f_2} 至最大，测出 U_o 值；调 R_{f_2} 至最小，测出 U_o 的值；用示波器测试计算控制角 α；调节 R_{f_2}，使得 $U_o = 10\text{V}$，测试计算控制角。

※（3）带并联电压负反馈可控整流电路

电路如图 3-24 所示。

由 R_{f_2}、R_5、R_6 组成并联电压负反馈。当输出电压 U_o 因电源电压或负载电流变化升高时，U_f 随之升高，负反馈作用加强，触发电路控制电压 U_G 减小，触发脉冲相位后移，晶闸管导通角变小，引起 U_o 下降；反之，当 U_o 下降时，U_f 下降，U_G 升高，U_o 回升，从而稳定了输出电压 U_o。图中主电路上二极管是续流二极管，可在控制角期间保持输出电流连续不中断，在负载为感性元件时，可保证负载电流平均值不变。

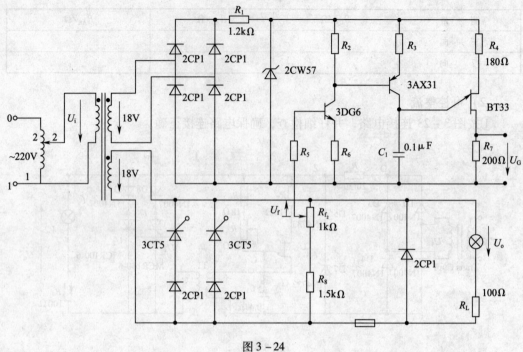

图 3 – 24

表 3 – 19

被测量		U_o/V	波形	灯亮情况	α
全桥可控整流	R_{f_2}最大				
	R_{f_2}最小				
	R_{f_2}适中				

6. 报告要求

1. 当 R_{f_2} 增大时，各级波形如何变化？

2. 触发电路与主电路为什么要用同步电压？

第4章 数字电子技术实验

实验 21 TTL 集成门电路功能的测试

1. 实验目的

（1）熟悉 TTL 集成门电路的工作原理和逻辑功能的测试方法。

（2）熟悉 TTL 集成门电路的外形、引脚排列及应用事项。

2. 实验原理

（1）TTL 门电路主要有与非门、集电极开路与非门（OC 门）、三态输出与非门（三态门）、异或门等。为了正确使用门电路，必须了解它们的逻辑功能及其测试方法。TTL 与非门由于具有工作速度快、抗干扰能力强、输出幅度大和负载能力强等优点而得到广泛的应用。如 TTL 与非门用来组合设计逻辑电路，做控制门等。

OC 门是指集电极开路 TTL 门，这种电路的最大特点是可以实现线逻辑。即几个 OC 门的输出端可以直接连在一起，通过一只"提升电阻"接到电源 U_{CC} 上。此外，OC 门还可以用来实现电平移位功能。

集电极开路的与非门可以根据需要来选择负载电阻和电源电压，并且能够实现多个信号间的相与关系（称为线与）。使用 OC 门时，必须注意合理选择负载电阻，才能实现正确的逻辑关系。

三态输出与非门是一种重要的接口电路，在计算机和各种数字系统中应用极为广泛，它具有三种输出状态，除了输出端为高电平和低电平（这两种状态均为低电阻状态）外，还有第三种状态——通常称为高阻状态或称为开路状态。改变控制端（或称选通端）的电平可以改变电路的工作状态。三态门可以同 OC 门一样把若干个门的输出端并接到同一公用总线上（称为线或），分时传送数据，成为 TTL 系统和总线的接口电路。

TTL 集成电路除了标准形式外，还有其他四种结构形式：高速 TTL（74H 系列）、低功耗 TTL（74L 系列）、高速 TTL（74S 系列）和低功耗肖特基 TTL（74LS 系列）。前两种结构与标准 TTL 主要区别是电路中各电阻阻值不同。

（2）TTL 集成电路使用注意事项。

①TTL 电路通常要求电源电压 $U_{CC} = 5 \text{V} \pm 0.25 \text{V}$。

②TTL 电路输出端不允许与电源短路，但可以通过提升电阻连到电源级，以提高输

出高电平。

③TTL 电路不使用的输入端，通常有两种处理方法，一是与其他使用的输入端并联；二是把不用的输入端按其逻辑功能特点接至相应的逻辑电平上，不宜悬空。

④TTL 电路对输入信号边沿的要求如下：

通常要求其上升沿或下降沿小于 50 ~ 100ns/V。当外加输入信号边沿变化很慢时，必须加整形电路（如施密特触发器）。

（3）图 4 - 1 是几种集成门电路外形及引脚排列。

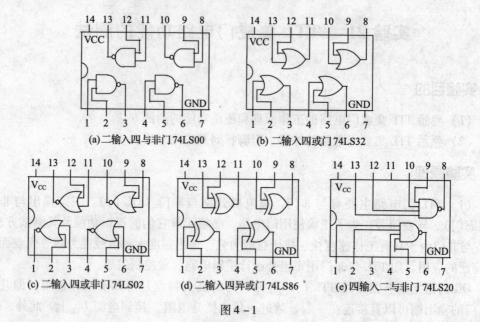

(a) 二输入四与非门 74LS00　　(b) 二输入四或门 74LS32

(c) 二输入四或非门 74LS02　　(d) 二输入四异或门 74LS86　　(e) 四输入二与非门 74LS20

图 4 - 1

3. 实验仪器

（1）数字电路实验箱
（2）示波器
（3）数字万用表

4. 预习要求

（1）阅读实验内容，了解各门电路的功能。
（2）熟悉所用门电路外形及引脚排列。
（3）根据实验内容，画出逻辑电路图，写出逻辑表达式，列出真值表。

5. 实验内容

（1）测试与非门的逻辑功能

将 74LS00（二输入四与非门）按图 4 - 2 所示接线，检查无误后接通实验箱电源，按表 4 - 1 中给出的输入端不同情况，测量输出端的逻辑状态并记录在表 4 - 1 中。

表 4 - 1

输入端	输出电压 U_o/V	输出逻辑
0　0		
0　1		
1　0		
1　1		

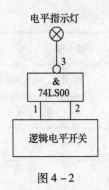

图 4 - 2

（2）与非门做控制门

用 74LS00 与非门做控制门。按图 4 - 3 所示接线，将频率为 1kHz 的方波信号 U_i 输入到与非门的输入端 B，与非门的另一输入端 A 分别接高电平（+5V）和低电平（GND），用示波器观察输出端的波形，记录在表 4 - 2 中。

表 4 - 2

条件（控制端）	U_o 波形
A 接入高电平（+5V）	
A 接入低电平（GND）	

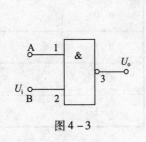

图 4 - 3

（3）测试或门的逻辑功能

将 74LS32（二输入四或门）按图 4 - 4 所示接线，检查无误后接通实验仪电源，按表 4 - 3 中给出的输入端不同情况，测输出端的逻辑状态并填入表 4 - 3 中。

表 4 - 3

输入端	输出电压 U_o/V	输出逻辑
0　0		
0　1		
1　0		
1　1		

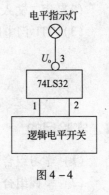

图 4 - 4

（4）测试或非门的逻辑功能

将 74LS02（二输入四或非门）按图 4 - 5 所示接线，检查无误后接通实验仪电源，按表 4 - 3 中给出的输入端不同情况，测输出端的逻辑状态填入表中。

表 4 –4

输入端	输出电压 U_o/V	输出逻辑
0 0		
0 1		
1 0		
1 1		

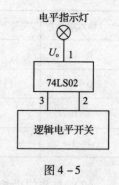

图 4 –5

（5）测异或门的逻辑功能

将 74LS86（二输入四异或门）按图 4 – 6 所示接线，检查无误后接通实验箱电源，然后按表 4 – 5 中给出的输入端不同情况，测输出端的逻辑状态填入表 4 – 5 中。

表 4 –5

输入端	输出电压 U_o/V	输出逻辑
0 0		
0 1		
1 1		
1 1		

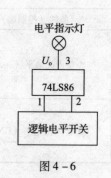

图 4 –6

6. 报告要求

（1）整理实验结果，并进行分析。

（2）用二输入四与非门组合成与门、或门、或非门，绘出逻辑电路图。

（3）TTL 门电路使用时多余的输入端如何处理。

实验 22　组合逻辑电路

1. 实验目的

（1）学习组合逻辑电路的设计方法。

（2）掌握组合逻辑电路的调试方法。

2. 实验原理

组合逻辑电路又称组合电路，组合电路的输出只由当时的外部输入情况决定，与电路过去状态无关。因此，组合电路的特点是无"记忆性"。组合电路的是由各种门电路连接而成，而且连接中没有反馈线存在。所以各种功能的门电路就是简单的组合逻辑电路。

组合逻辑电路的输入信号和输出信号往往不止一个，其功能描述方法通常有函数表达式、真值表、卡诺图和逻辑图等几种。

组合逻辑电路的分析与设计方法，是立足于小规模集成电路分析和设计的基本方法之一。

（1）组合逻辑电路的分析方法

分析的任务：

对给定的电路求解其逻辑功能，即求出该电路的输出与输入之间的逻辑关系。通常是用逻辑式或真值表来描述，有时也加上必要的文字说明。

分析的步骤：

①逐级写出逻辑表达式，最后得到输出逻辑变量与输入逻辑变量之间的逻辑函数式。

②化简。

③列出真值表。

④文字说明。

上述四个步骤不是一成不变的。除第一步外，其他三步可以根据实际情况采用。

（2）组合逻辑电路的设计方法

设计的任务：

按给定的功能要求，设计出相应的逻辑电路。

设计的步骤：

①通过对给定问题的分析，获得真值表。

在分析中要特别注意实际问题如何抽象为几个输入变量和几个输出变量之间的逻辑关系问题以及其输出变量之间是否存在约束关系，从而获得真值表或简化真值表。

②通过化简真值表，得出最简逻辑表达式。

③必要时进行逻辑式的变更，最后画出逻辑图。

（3）3/8 线译码器的逻辑功能：3/8 线译码器（74HC138）的引脚排列如图 4 – 7 所示。3/8 线译码器的输入 CBA 为地址码三根线，控制端为 G_1、$\overline{G}_{2A}$、$\overline{G}_{2B}$，输出端为 $Y_0 \sim Y_7$ 八根线，其功能如表 4 – 6 所示，由表可知，只有当 $G_1 = 1$，$\overline{G}_{2A} = \overline{G}_{2B} = 0$ 时，才具有译码功能，其译码规律为 CBA（表示输入的三位二进制数），从 000 ~ 111 有八种状态，分别对应于十进制数 0 ~ 7，并各与 $Y_0 \sim Y_7$ 的输出相对应，且输出 $Y_i = 0$ 有效，其余为 "1"。如 CBA 为 101（即十进制 5）时，对应输出 Y_5 为 "0"，其余均为 "1"。

图 4 – 7

表 4 – 6

输入						输出							
G_1	$\overline{G}_{2A}$	$\overline{G}_{2B}$	C	B	A	Y_0	Y_1	Y_2	Y_3	Y_4	Y_5	Y_6	Y_7
X	1	X											
X	X	1	X	X	X				全1				
0	X	X											
			0	0	0	0	1	1	1	1	1	1	1
			0	0	1	1	0	1	1	1	1	1	1
			0	1	0	1	1	0	1	1	1	1	1
			0	1	1	1	1	1	0	1	1	1	1
			1	0	0	1	1	1	1	0	1	1	1
			1	0	1	1	1	1	1	1	0	1	1
			1	1	0	1	1	1	1	1	1	0	1
			1	1	1	1	1	1	1	1	1	1	0

3. 实验仪器

（1）双踪示波器

（2）数字万用表

（3）数字电路实验箱

4. 预习要求

（1）阅读实验内容，理解实验原理。

（2）熟悉所用集成芯片的型号、引脚图、使用条件及逻辑功能。

（3）根据实验内容要求，写出各逻辑电路的表达式，列出真值表，画出逻辑电路图。

5. 实验内容

（1）半加器

用 74LS00 二输入四与非门，按图 4 – 8 所示电路接线，验证该电路能否实现半加器的逻辑运算。自拟真值表记录。

（2）两地控制一灯电路

用 74LS00 设计一个组合逻辑电路，满足 $Y = \overline{\overline{AB} + A\overline{B}}$。设 A、B 两地控制一个照明灯 Y。当 Y = 1 时，灯亮；反之则灭。自拟记录表格验证。

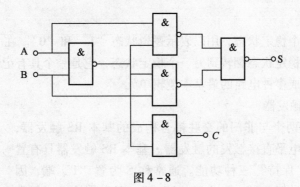

图 4 - 8

（3）选通电路

用与非门 74LS00 设计一个满足 $Y = AX_1 + \overline{A}X_2$ 的二选一的电路。如图 4 - 9 所示的框图，图中 X_1 和 X_2 是待选通的两个不同的信号（可用数字电路实验箱上的脉冲信号）。自拟记录表格验证。

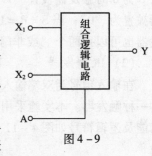

图 4 - 9

（4）用与非门 74LS20 设计一个表决电路。当 5 个输入端中半数以上输入"1"时，输出端才为"1"。自拟记录表格验证。

（5）3/8 线译码器 74LS138 和与非门 74LS20 组成函数发生器，实现函数 $F = A\overline{B}C + \overline{A}（B + C）$。

①写出化简的逻辑表达式。

②设计出逻辑函数发生器实验电路图。

③列出记录表格。

6. 报告要求

（1）整理实验数据，列表记录。

（2）分析实验中的现象和操作中遇到的问题及解决办法。

（3）总结测试组合逻辑电路的步骤。

实验 23　触　发　器

1. 实验目的

（1）掌握触发器的性质。

（2）掌握触发器逻辑功能和触发方式。

（3）掌握触发器电路的测试方法，简单时序电路的设计和调试方法。

2. 实验原理

触发器具有两个稳定状态，用以表示逻辑状态"1"和"0"。在一定的外界信号作用下，可以从一个稳定状态翻转到另一个稳定状态，它是一个具有记忆功能的二进制信息存储器件，是构成多种电路的最基本逻辑单元。

（1）基本 RS 触发器

图 4 – 10 为由两个与非门的交驻耦合构成的基本 RS 触发器，它是无时钟控制低电平直接触发的触发器。基本 RS 触发器具有置"0"、置"1"和"保持"三种功能。通常称 $\bar{S}$ 为置"1"端，因为 $\bar{S}$ 为 0 时触发器被置"1"；$\bar{R}$ 为置"0"端，因为 $\bar{R}$ 为 0 时触发器被置为"0"；当 $\bar{S} = \bar{R} = 1$ 状态时触发器为"保持"。基本 RS 触发器也可以用两个"或非门"组成，此时为高电平触发有效。

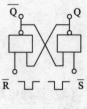

图 4 – 10

（2）JK 触发器

在输入信号为双端输入的情况下，JK 触发器是功能完善、使用灵活和通用性较强的一种触发器。本实验采用 74LS112 双 JK 触发器，是下降沿触发的边沿触发器。引脚功能及逻辑符号如图 4 – 11 所示，JK 触发器的状态方程为：

$$Q^{n+1} = J\bar{Q}_n + \bar{K}Q_n$$

J 和 K 是数据输入端，是触发器状态更新的依据，若 J、K 有两个或两个以上 J 和 K 为数据输入端时，组成"与"的关系。Q 与 $\bar{Q}$ 为两个互补输出端。通常把 Q = 0，$\bar{Q} = 1$ 的状态定为触发器"0"状态；而把 Q = 1、$\bar{Q} = 0$ 定为"1"状态。

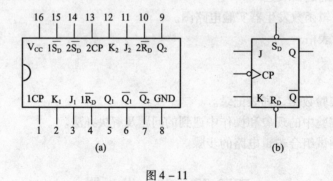

图 4 – 11

（3）D 触发器

在输入信号为单端的情况下，D 触发器用起来最为方便，其状态方程为：

$$Q^{n+1} = D^n$$

其输出状态的更新发生在 CP 脉冲的上升沿，故又称为上升沿触发器的边沿触发器。D 触发器的状态只取决于时钟到来前 D 端的状态。D 触发器应用很广，可用于数字信号的寄存、移位寄存、分频和波形发生等。有很多种型号可供各种用途需要而选用。图 4 – 12 为 74LS74 双 D 触发器的引脚排列图和逻辑符号。

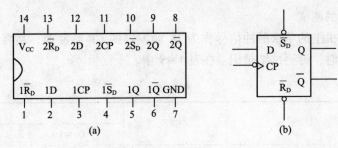

图 4 – 12

3. 实验仪器

(1) 数字学习机
(2) 双踪示波器
(3) 数字万用表
(4) 74LS00、74LS74、74LS112

4. 预习要求

(1) 从手册中查出 74LS00、74LS74、74LS112（或 74LS76）集成芯片的引脚图，熟悉引脚的功能。
(2) 复习有关触发器部分的内容。
(3) 设计出各触发器功能测试表格。

5. 实验内容

(1) 测试基本 RS 触发器的逻辑功能

按图 4 – 10，用 74LS00 芯片上的两个与非门组成基本 RS 触发器，将测试结果记录在表 4 – 7 中。

(2) 测试双 JK 触发器 74LS76 的逻辑功能

①异步置位及复位功能的测试

按图 4 – 11，用 74LS112 芯片的一个 JK 触发器，将 J、K、CP 端开始（或任意状态）改变 $\bar{S}_D$ 和 $\bar{R}_D$ 的状态。观察输出 Q 和 $\bar{Q}$ 的状态，记录在表 4 – 8 中。

表 4 – 7

$\bar{S}$	$\bar{R}$	Q	$\bar{Q}$
0	0		
0	1		
1	0		
1	1		

表 4 – 8

$\bar{S}_D$	$\bar{R}_D$	Q	$\bar{Q}$
1	0→1		
	1→0		
1→0	1		
0→1			
0	0		

②逻辑功能的测试

用数字学习机上的单次脉冲信号作为 JK 触发器的 CP 脉冲源，当将触发器的初始状态置 1 或置 0 时，将测试结果记录在表 4 – 9 中。

表 4 – 9

J	K	CP	Q_{n+1}	
			$Q_n = 1$	$Q_n = 0$
0	0	0→1		
0	0	1→0		
0	1	0→1		
0	1	1→0		
1	0	0→1		
1	0	1→0		
1	1	0→1		
1	1	1→0		

（3）测试双 D 触发器 74LS74 的逻辑功能

① 异步置位及复位功能的测试

按图 4 – 12，用 74LS74 芯片的一个触发器，改变 $\overline{S}_D$ 和 $\overline{R}_D$ 的状态，观察输出 Q 和 $\overline{Q}$ 的状态。自拟表格记录。

② 逻辑功能的测试

用单次脉冲作为 D 触发器的 CP 脉冲源，测试 D 触发器的功能，自拟表格记录。

（4）设计实验

用 74LS74 双 D 触发器芯片，设计一个异步四进制加法计数器，拟定实验线路，记录输入输出波形关系，自拟表格记录。

6．报告要求

（1）整理实验数据记录，分析结果。

（2）总结 $\overline{S}_D$、$\overline{R}_D$ 及 S、R 各输入端的作用。

（3）叙述各触发器之间的转换方法。

（4）分析实验中的现象和操作中遇到的问题及解决办法。

实验 24　计数、译码及显示电路

1．实验目的

（1）熟悉常用中规模计数器的逻辑功能。

（2）掌握计数、译码和显示电路的工作原理及其应用。

2. 实验原理

（1）74LS90 计数器是一种中规模二—五进制计数器，管脚引线如图 4 – 13，功能表如表 4 – 10 所示。

表 4 – 10 7490 功能表

复位输入				输出			
R_1	R_2	S_1	S_2	Q_D	Q_C	Q_B	Q_A
H	H	L	×	L	L	L	L
H	H	×	L	L	L	L	L
×	×	H	H	H	L	L	H
X	L	×	L	计		数	
L	×	L	×	计		数	
L	×	×	L	计		数	
×	L	L	×	计		数	

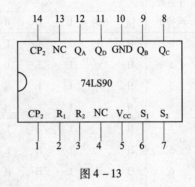

图 4 – 13

①将输出 Q_A 与输入 B 相接，构成 8421BCD 码计数器。

②将输出 Q_D 与输入 A 相接，构成 5421BCD 码计数器。

③表中 H 为高电平、L 为低电平、× 为不定状态。

74LS90 引脚功能图如图 4 – 13 所示，它由四个主从 JK 触发器和一些附加门电路组成。整个电路可分两部分，其中 F_A 触发器构成一位二进制计数器，F_D、F_C、F_B 构成异步五进制计数器。在 74LS90 计数器电路中，设有专用置"0"端 R_1、R_2 和置位（置"9"）端 S_1、S_2。

74LS90 具有如下的五种基本工作方式：

①五分频：即由 F_D、F_C 和 F_B 组成的异步五进制计数器工作方式。

②十分频（8421 码）：将 Q_A 与 CK_2 连接，可构成 8421 码十分频电路。

③六分频：在十分频（8421 码）的基础上，将 Q_B 端接 R_1，Q_C 端接 R_2。其计数顺序为 000 ~ 101，当第 6 个脉冲作用后，出现状态 $Q_C Q_B Q_A = 110$，利用 $Q_B Q_C = 11$ 反馈到 R_1 和 R_2 的方式使电路置"0"。

④九分频：$Q_A \rightarrow R_1$、$Q_D \rightarrow R_2$，构成原理同六分频。

⑤十分频（5421 码）：将五进制计数器的输出端 Q_D 接二进制计数器的脉冲输入端 CK_1，即可构成 5421 码十分频工作方式。

此外，据功能表可知，构成上述五种工作方式时，S_1、S_2 端最少应该有一端接地。构成五分频和十分频时，R_1、R_2 端亦必须有一端接地。

（2）译码、驱动显示

74LS48 为 BCD 七段锁存/译码/驱动器，其管脚排列如图 4 – 14 所示，其内部由门电路组成组合的逻

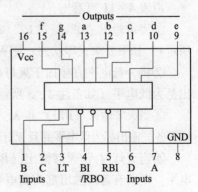

图 4 – 14 74LS48

辑电路，主要功能是将输入的"8421"二—十进制码，译成对应于十进制的七个字段，驱动数码管显示出相应的十进制数码。由其管脚图可知，在下边的引脚为输入端和控制端，上边引脚为输出段码端。其功能表如表 4 – 11 所示。

表 4 – 11

十进数或功能	输入						BI/RBO	输出							备注
	LT	RBI	D	C	B	A		a	b	c	d	e	f	g	
0	H	H	L	L	L	L	H	H	H	H	H	H	H	L	
1	H	×	L	L	L	H	H	L	H	H	L	L	L	L	
2	H	×	L	L	H	L	H	H	H	L	H	H	L	H	
3	H	×	L	L	H	H	H	H	H	H	H	L	L	H	
4	H	×	L	H	L	L	H	L	H	H	L	L	H	H	
5	H	×	L	H	L	H	H	H	L	H	L	L	H	H	
6	H	×	L	H	H	L	H	L	L	H	H	H	H	H	
7	H	×	L	H	H	H	H	H	H	H	L	L	L	L	1
8	H	×	H	L	L	L	H	H	H	H	H	H	H	H	
9	H	×	H	L	L	H	H	H	H	H	L	L	H	H	
10	H	×	H	L	H	L	H	L	L	L	H	H	L	H	
11	H	×	H	L	H	H	H	L	L	H	H	L	L	H	
12	H	×	H	H	L	L	H	L	H	L	L	L	H	H	
13	H	×	H	H	L	H	H	H	L	L	H	L	H	H	
14	H	×	H	H	H	L	H	L	L	L	H	H	H	H	
15	H	×	H	H	H	H	H	L	L	L	L	L	L	L	
BI	×	×	×	×	×	×	L	L	L	L	L	L	L	L	2
RBI	H	L	L	L	L	L	L	L	L	L	L	L	L	L	3
LT	L	×	×	×	×	×	H	H	H	H	H	H	H	H	4

注：H = 高电平，L = 低电平，× = 不定。

由表 4 – 11 可看出：

①要求输出"0"至"15"时，灭灯输入（BI）必须开路或保持高电平（如备注 1 所示）；如果要求灭零状态，则灭零输入（RBI）必须悬空或为高电平。

②将一低电平直接加于灭灯输入（BI）时，不管其他输入为何电平，所有各段输出都为低电平（如备注 2、3 所示）。

③当灭零输入（RBI）和 A、B、C、D 输入为低电平而试灯输入（LT）为高电平时，所有各段输出都为低电平并且灭灯输出（RBO）处于低电平（响应条件）（如备注 3 所示）。

④当灭灯输入/灭灯输出（BI/RBO）开路或保持高电平，而试灯输入（LT）为低电平，则所有各段输出都为高电平（如备注 4 所示）。

⑤BI/RBO 是线与逻辑，作灭灯输入（BI）或灭灯输出（RBO）之用，或兼作两者

之用。

　　TS547 为共阴发光二极管数码显示器，其管脚排列和内部发光二极管共阴极结构如图 4 – 15 所示，七段码发光二极管数码显示器的每一笔段用一个发光二极管来显示，其所有发光二极管的阴极连在一起，构成 com 端，使用时用以接低电位。因此，当任一个发光二极管的阳极加上正向电压，就能使相应笔段发光显示。根据发光数码管技术参数，每支发光二极管正向压降为 $U_F = 2.1V$，正向电流为 $I_F = 10mA$，最大反向电压为 $U_{RM} = 5V$。如果使用 5V 电压去驱动发光二极管时，则必须串电阻 R 进行限流保护。此时，应取限流电阻 $R = 300\Omega$。

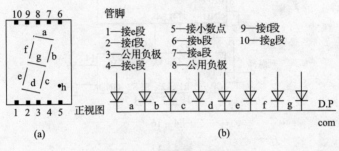

图 4 – 15　TS547（共阴极）

3. 实验仪器

　　（1）数字电路实验箱
　　（2）双踪示波器
　　（3）数字万用表

4. 预习要求

　　（1）复习教材中有关中规模集成芯片 74LS90、74LS48 和 TS547 数码管引脚的逻辑功能。
　　（2）拟出用 74LS90 构成 8421BCD 码十进制计数器的实验电路图。
　　（3）拟出用 74LS90、74LS48 和 TS547（数码管）构成的计数、译码、显示电路的电路图。

5. 实验内容

　　（1）用 74LS90 芯片，分别构成五分频、六分频、九分频、十分频（5421）计数器。
　　①画出四种工作方式的实验电路图。
　　②输入连续脉冲信号，用示波器观察记录输出波形。
　　（2）用 74LS90 构成 8421BCD 码十进制计数器。
　　①画出实验电路图。
　　②输入端 CP_1 接单脉冲信号源，Q_D、Q_C、Q_B、Q_A 分别接指示灯（发光二极管）。观察在单脉冲源作用下，Q_D、Q_C、Q_B、Q_A 按 8421BCD 码变化规律。

③输入端 CP_1 接连续脉冲源，用示波器观察 Q_D 和输入端相对波形，并记录。

（3）用 74LS90、74LS48 和数码管 TS547 构成计数、译码、显示实验电路。如图 4 - 16所示，将实验结果记录表 4 - 12 中。

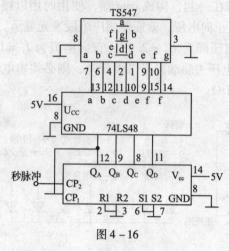

图 4 - 16

表 4 - 12

时间/s	0	1	2	3	4	5	6	7	8	9	10
显示字形											

（4）用两片 74LS90 按 BCD 码构成二十四进制计数器。其输出端接到实验箱上的译码电路的输入端，从 CP_1 端输入单脉冲，验证其逻辑功能。

6. 报告要求

（1）整理实验数据、表格，画出波形图。

（2）分析实验结果。

实验 25　时序逻辑电路设计

1. 实验目的

（1）掌握简单的时序电路的设计方法。

（2）掌握简单时序电路的调试方法。

2. 实验原理

（1）时序逻辑电路

时序逻辑电路又简称为时序电路。这种电路的输出不仅与当前时刻电路的外部输入有关，而且还和电路过去的输入情况（或称电路原来的状态）有关。时序电路与组合电路最大区别在于它有记忆性，这种记忆功能通常是由触发器构成的存储电路来实现的。图 4 - 17 为时序电路示意图，它是由门电路和触发器构成的。

在这里，触发器是必不可少的，因此触发器本身就是最简单的时序电路。

图 4 - 17 中，X（x_1，x_2，$\cdots$，x_j）为外部输入信号，Z（z_1，z_2，$\cdots$，z_j）为输出信号，W（w_1，w_2，$\cdots$，w_k）为存储电路的驱动信号，Y（y_1，y_2，$\cdots$，y_j）为存储电路的输出状态。这些信号之间的逻辑关系可用下面三个向量函数来表示：

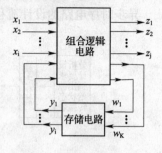

输出方程 $Z(t_n) = F[X(t_n),\ Y(t_n)]$

状态方程 $Y(t_{n+1}) = G[W(t_n),\ Y(t_n)]$

激励方程 $W(t_n) = H[X(t_n),\ Y(t_n)]$

图 4 - 17　时序电路示意图

式中 t_n、t_{n+1} 表示相邻的两个离散的时间。$Y(t_n)$ 叫现态，$Y(t_{n+1})$ 叫次态，它们都表示同一存储电路的同一输出端的输出状态，所不同的是前者指信号作用之前的初始状态（通常指时钟脉冲作用之前），后者指信号作用之后更新的状态。

对时序电路逻辑功能的描述，除了用上述逻辑函数表达式之外，还有状态表、状态图和时序图等。

通常时序电路又分为同步和异步两大类。在同步时序电路中，所有触发器的状态更新都是在同一个时钟脉冲作用下同时进行的，从结构上看，所有触发器的时钟端都接同一个时钟脉冲源，在异步时序电路中，各触发器的状态更新不是同时发生，而是有先有后，因为各触发器的时钟脉冲不同，不像同步时序电路那样接到同一个时钟源上。某些触发器的输出往往又作为另一些触发器的时钟脉冲，这样只有在前面的触发器更新状态后，后面的触发器才有可能更新状态。这正是所谓"异步"的由来。对于那些由非时钟触发器构成的时序电路，由于没有同步信号，所以均属异步时序电路（称为电平异步时序电路）。

（2）同步时序电路的设计

同步时序电路设计的关键在于求出驱动方程和输出方程，其设计的具体步骤如下：

①根据设计要求画出原始状态图。

②状态化简。

③状态分配，确定触发器个数及类型。

④列出结合真值表。

⑤求出驱动方程和输出方程。

⑥画逻辑图。

⑦检查能否自起动。

（3）异步时序电路的设计

在异步时序电路中，由于各触发器不是同时翻转的，所以要为每个触发器选择一个合适的时钟脉冲信号，这在同步时序电路设计中是不需要考虑的。各时钟信号选得是否恰当，将直接影响电路的复杂程度。选择的原则是：第一，在触发器状态需要更新时，必须有时钟脉冲到达；第二，在上述条件下，其他时间内送来的脉冲越少越好。这有利于驱动方程的化简，因为在没有时钟脉冲时，触发器的输入可以作为任意项处理。各触发器时钟脉冲的选择通常是在时序图上进行。

异步时序电路的设计流程图如图 4 - 18 所示。

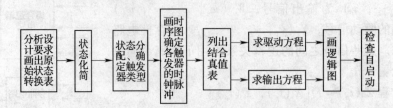

图 4 - 18　异步时序电路设计流程图

由图 4 - 18 可见，异步时序电路的设计与同步时序电路的设计基本相同，区别仅在于异步时序电路的设计中增加了选择各触发器时钟信号这一步。由此还可以导出如下结果，即在列写真值表中，对于驱动表部分的填写，凡没有触发边沿到达时，相应的激励端取值应填写任意（即填 Φ），而不应按其激励表填写。

3. 实验仪器

（1）数字电路实验箱

（2）示波器

（3）数字万用表

（4）74LS74、74LS112 和 74LS00 集成芯片

4. 预习要求

（1）查找 74LS74、74LS112 和 74LS00 芯片引脚图，并熟悉引脚功能。

（2）复习教材中异步 2^n 进制计数器构成方法及同步 2^n 进制计数器构成方法的内容。

（3）复习同步时序电路和异步时序电路的设计方法。

（4）设计画出用 74LS74 构成异步四进制减法计数器的逻辑电路图。

（5）设计画出用 74LS112 构成同步四进制加法计数器的逻辑电路图。

5. 实验内容

（1）用 74LS74 双 D 触发器构成一个异步的四进制减法计数器，并进行逻辑功能的测试。

①CP 用单脉冲源输入，触发器状态用指示灯显示（发光二极管）。观察两个触发器输出所接的指示灯的变化，并自拟表格记录。

②CP 用连续脉冲源输入，用示波器观察比较各触发器 Q 端与时针脉冲源的相对波形，并记录。

（2）用 74LS112 双 JK 触发器构成一个同步四进制加法计数器，并进行逻辑功能的测试。

①CP 用单脉冲源输入，触发器状态用指示灯显示，观察二个触发器输出端所接的指示灯的变化，并自拟表格记录。

②CP 用连续脉冲源输入，用示波器观察比较各触发器 Q 端与时针脉冲源的相对波形，并记录。

（3）设计一个用 74LS112 双 JK 触发器和 74LS00 与非门构成三进制加法计数器。（提示：加入"反馈复位"环节。）

①画出三进制加法计数器的逻辑电路图。

②用示波器观察其输入、输出波形，并加以记录。

（4）用 74LS74 双 D 触发器设计一个异步八进制加法计数器。

①画出逻辑电路图。

②加连续脉冲信号，记录输入和输出波形。

（5）设计一个用 74LS74 双 D 触发器和 74LS20 四输入二与非门构成一个七进制加法计数器。

①画出逻辑电路图。

②用示波器观察记录输入和输出波形。

6. 报告要求

（1）画出实验内容中要求设计的逻辑电路图，并在集成块上的连线图。

（2）整理实验数据，列出表格，画出观察到的输入和输出波形。

实验 26　移位寄存器

1. 实验目的

（1）掌握移位寄存器的工作原理及逻辑功能。

（2）掌握移位寄存器的典型应用。

（3）熟悉移位寄存器的调试方法。

2. 实验原理

（1）移位寄存器简介

移位寄存器是电子计算机、通信设备和其他数字系统中广泛使用的基本逻辑器件之一。它是一种由触发器链型连接的同步时序网络，每个触发器的输出连到下一级触发器的控制输入端，在时钟脉冲作用下，存储在移位寄存器中的信息逐位左移或右移。

利用移位寄存器可以构成移位型计数器。移位型计数器最常见的有环形计数器与扭环计数器两种。环形计数器不需要译码硬件，便可将计数器的状态识别出来；扭环计数器的译码逻辑也比二进制码计数器简单。

（2）集成移位寄存器 74LS194

　　集成移位寄存器 74LS194 是一种四位双向移位寄存器，它由四个 RS 触发器及它们的输入控制电路组成。图 4 – 19 分别是它的逻辑电路图和引脚图。

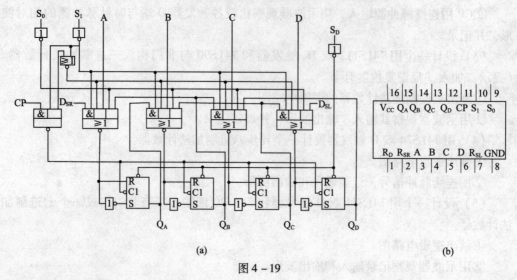

(a)　　　　　　　　　　　　　　　　　　　　(b)

图 4 – 19

　　74LS194 有四个并行输入端 A ~ D，两个控制输入端 S_1、S_0，左移串行输入 D_{SL}，右移串行输入端 D_{SR}，异步清零输入端 R_D，串并行输出端 Q_3 ~ Q_0。表 4 – 13 是其控制端的逻辑功能，表 4 – 14 是其功能真值表。

表 4 – 13

控制信号		完成的功能
S_1	S_0	
0	0	保　持
0	1	右　移
1	0	左　移
1	1	并行输入

表 4 – 14

清零 R_D	输入									输出			
	控制信号		串行输入		时钟 CP	并行输入				Q_D	Q_C	Q_B	Q_A
	S_1	S_0	左移 D_{SL}	右移 D_{SR}		D	C	B	A				
L	×	×	×	×	×	×	×	×	×	L	L	L	L
H	×	×	×	×	H (L)	D	C	B	A	Q_D^n	Q_C^n	Q_B^n	Q_A^n
H	H	H	×	×	↑	D	C	B	A	D	C	B	A
H	H	L	H	×	↑	×	×	×	×	H	Q_D^n	Q_C^n	Q_B^n
H	H	L	L	×	↑	×	×	×	×	L	Q_D^n	Q_C^n	Q_B^n
H	L	H	×	H	↑	×	×	×	×	Q_C^n	Q_B^n	Q_A^n	H
H	L	H	×	L	↑	×	×	×	×	Q_C^n	Q_B^n	Q_A^n	L
H	L	L	×	×	×	×	×	×	×	Q_D^n	Q_C^n	Q_B^n	Q_A^n

3．实验仪器

(1) 数字逻辑学习机
(2) 示波器
(3) 万用表
(4) 集成芯片 74LS194 和 74LS00

4．预习要求

(1) 复习教材中规模移位寄存器的有关内容。
(2) 拟出实验接线图及数据表格。

5．实验内容

(1) 测试四位双向移位寄存器 74LS194 的逻辑功能。

①存数功能：将 74LS194 芯片接好电源及地线，控制端 S_1、S_0 置于"1"状态，数据输入端 A、B、C、D 分别接"1011"，输出端 Q_A、Q_B、Q_C、Q_D 分别接电平指示灯，观察在 CP 端加单脉冲后输出的变化，并记录。

②动态保持功能：将控制端 S_1、S_0 置于"0"状态，数据输入端 A、B、C、D 接低电平，输出端 Q_A、Q_B、Q_C、Q_D 分别接电平指示灯；在 CP 端加单脉冲的条件下，观察 Q_A、Q_B、Q_C、Q_D 的状态变化，并记录。

③左移功能：将控制端 S_1 置于"1"状态、S_0 置于"0"状态，输出端 Q_A、Q_B、Q_C、Q_D 分别接电平指示灯，将 Q_A 接至 D_{SL}；在 CP 端加单脉冲的条件下，观察 Q_A、Q_B、Q_C、Q_D 的状态变化，并记录。

④右移功能：将控制端 S_1 置于"0"状态、S_0 置于"1"状态，输出端 Q_A、Q_B、Q_C、Q_D 分别接电平指示灯，将 Q_D 接至 D_{SR}；在 CP 端加单脉冲的条件下，观察 Q_A、Q_B、Q_C、Q_D 的状态变化，并加以记录。

(2) 用 74LS194 和 74LS00 构成七进制计数器：将控制端 S_1 置于"0"状态、S_0 置于"1"状态，用与非门 74LS00 实现 $\overline{Q_C Q_D} = D_{SR}$，$R_D$ 端先清零，然后在 CP 端输入连续脉冲，观察 CP 和 Q_D、Q_C 的相对波形，并记录。

(3) 用 74LS74 双 D 触发器、反相器 74LS04 和与非门 74LS00，设计一个四位右移并行输入、串行输出的移位寄存器。设原先存放在寄存器中的四位数码为 1001，输入的数码为 1010。

①画出设计的移位寄存器的逻辑电路图。
②按所给定的数码，画出工作说明图。
③在数字逻辑学习机上测试其功能。

6．报告要求

(1) 正确绘出各步骤的实验接线图及数据记录表格。
(2) 记录所观察的输出波形，并进行分析。

实验 27 集成定时器 NE555 的应用电路

1. 实验目的

（1）了解 NE555 集成定时器的电路结构和引脚功能。

（2）熟悉 NE555 集成定时器的基本使用方法，学习用 NE555 集成定时器构成多谐振荡器和单稳态触发器。

2. 实验原理

集成定时器是一种模拟、数字混合型的中规模集成电路，只要外接适当的电阻电容等元件，可方便地构成单稳态触发器、多谐振荡器和施密特触发器等产生脉冲或变换波形电路。定时器有双极型和 CMOS 两大类，两类结构和工作原理基本相似。通常双极型定时器具有较大的驱动能力，而 CMOS 定时器则具有功耗低、输入阻抗高等优点。图4–20（a）、（b）分别为引脚排列和集成定时器内部逻辑图，表 4–15 为引脚名。

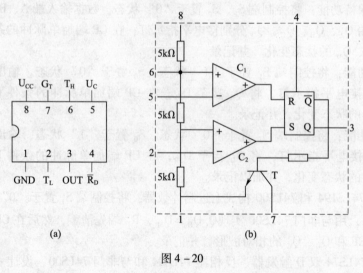

（a）　　　　　　　　　　（b）

图 4–20

表 4–15

引脚号	1	2	3	4	5	6	7	8
引脚名	GND	T_L	OUT	$\overline{R_D}$	U_C	T_H	G_T	U_{CC}
	地	触发端	输出端	复位端	外接控制电压端	阀值端	放电端	电源端

从定时器内部逻辑图可见，它含有两个高精度比较器 C_1、C_2，一个基本 RS 触发器及放电晶体管 T。比较器的参考电压由三只 $5\text{k}\Omega$ 的电阻组成的分压器提供，它们分别使比较器 C_1 的同相输入端和 C_2 反相输入端的电位为 $\frac{2}{3}U_{CC}$ 和 $\frac{1}{3}U_{CC}$。如果在控制电压端

U_C（引脚 5），外加控制电压，就可以方便地改变两个比较器的比较电平；若控制电压端不用时需在该端与地之间接入约 $0.01\mu F$ 的电容以清除外接干扰，保证参考电压稳定值。比较器 C_1 的反相输入端接高电平 T_H（引脚 6），比较器 C_2 的同相输入端接低触发器 T_L（引脚 2）、T_H 和 T_L 控制两个比较器的工作，而比较器的状态决定了基本 RS 触发器的输出，基本 RS 触发器的输出一路作为整个电路的输出 OUT（引脚 3），另一路接晶体管 T 的基极控制它的导通和截止。当 T 导通时，给接于 G_T（引脚 7）的电容提供放电通路。

3. 实验仪器

（1）电子技术实验箱
（2）函数信号发生器
（3）双踪示波器
（4）数字万用表

4. 预习要求

（1）熟悉 NE555 集成定时器的工作原理及管脚排列。
（2）掌握充放电时间、振荡周期和占空比（或脉冲宽度）与外接元件 R、C 的计算关系式，并估算实验电路中的 R、C 值。
（3）单稳态电路对触发脉冲频率有何要求？

5. 实验内容

（1）用 NE555 定时器组成多谐振荡器。
①按图 4 – 21（a）接线。用示波器观察并记录输出端 U_o 波形的频率，并与理论估算值比较。
②将图 4 – 21（a）略做修改，构成如图 4 – 21（b）所示的占空比可调的多谐振荡器。用示波器观察并记录输出端 U_o 波形的占空比可调范围。

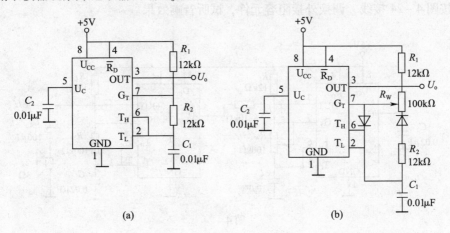

图 4 – 21

（2）用 NE555 定时器组成单稳态电路。

按图 4-22 接线。从信号发生器输出频率为 1kHz，幅值为 4V，占空比为 80% 的脉冲 ZZZ 信号。用双踪示波器观察并记录 U_i、U_c、U_o 波形，并测出输出脉冲的宽度 T_w。

（3）施密特触发器。

按图 4-23 连接实验线路。

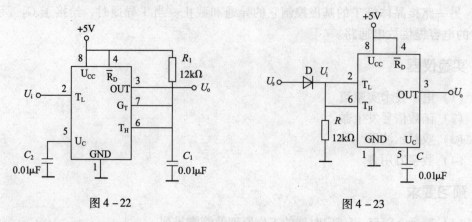

图 4-22　　　　　　　　　图 4-23

①输入信号 U_s 由信号源提供，预先调好 U_s 的频率为 1kHz，接通 +U_{CC}（5V）电源后，逐渐加大 U_s 幅度，并用示波器观察 U_s 波形，直至 U_s 的峰峰值为 5V 左右。用示波器观察并记录 U_s、U_i、U_o 的波形，标出 U_s 的幅度，接通电位 U_{T+}，断开电位 U_{T-} 及回差电压 ΔU。

②观察电压传输特性。

（4）模拟声响电路

用两片 NE555 定时器构成多谐振荡器，如图 4-24 所示。调节定时元件，使振荡器Ⅰ定时频率降低，并将其输出端接到高频振荡器Ⅱ的电压控制端。则当振荡器Ⅰ输出高电平时，振荡器Ⅱ的振荡频率较低；当Ⅰ输出低电平时，Ⅱ的振荡频率高。从而使Ⅱ的输出端所接的扬声器发出"嘟、嘟……"的间歇响声。

按图 4-24 接线，调换外接阻容元件，试听音响效果。

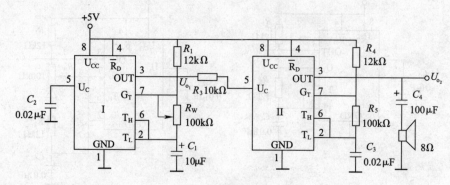

图 4-24

6. 报告要求

（1）绘出实验中观测到的有关波形（标明周期、幅值）。

（2）如何改变单稳态触发器输出脉冲宽度和多谐振荡器的振荡频率？

（3）如何修改图 4 - 21 （a）所示的多谐振荡器电路，使其振荡频率在一定范围内连续可调？

（4）总结多谐振荡器和单稳态电路的功能和特点。

第5章 设计综合性实验

实验 28　汽车尾灯控制电路设计

1. 设计任务与要求

假设汽车尾部左右两侧各有 3 个指示灯（可用实验箱上的电平指示二极管模拟），要求设计一个电路控制系统，满足以下要求：

（1）汽车正常运行时指示灯全灭。

（2）右转弯时，右侧的 3 个指示灯按右循环循序点亮。

（3）左转弯时，左侧的 3 个指示灯按左循环顺序点亮。

（4）临时刹车时所有指示灯同时闪烁。

2. 设计方案提示

（1）列出尾灯与汽车运行状态表，如表 5 – 1 所示

表 5 – 1

开关控制		运行状态	左尾灯	右尾灯
S_1	S_2		$D_4 D_5 D_6$	$D_1 D_2 D_3$
0	0	正常运行	灯灭	灯灭
0	1	右转弯	灯灭	按 $D_1 D_2 D_3$ 顺序循环点亮
1	0	左转弯	按 $D_4 D_5 D_6$ 顺序循环点亮	灯灭
1	1	临时刹车	所有的尾灯随时钟 CP 同时闪烁	

（2）设计总体框图

由于汽车左右转弯时，3 个指示灯循环点亮，所以用三进制计数器控制译码器电路顺序输出低电平，从而控制尾灯按要求点亮。由此得出在每种运行状态下，各指示灯与各给定条件 S_1、S_2、CP、Q_1、Q_0 的关系，即逻辑功能表如表 5 – 2 所示（表中 0 表示灯灭状态，1 表示灯亮状态），由表 5 – 2 可得出总体框图，如图 5 – 1 所示。

表 5 – 2

开关控制		三进制计数器		六个指示灯	
S_2	S_1	Q_1	Q_0	$D_6 D_5 D_4$	$D_1 D_2 D_3$
0	0	×	×	000	000
0	1	0	0	000	100
		0	1	000	010
		1	0	000	001
1	0	0	0	001	000
		0	1	010	000
		1	0	100	000
1	1	×	×	CP	CP

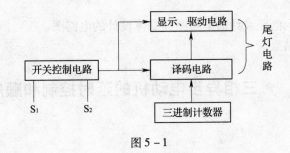

图 5 – 1

（3）设计单元电路

①三进制计数器电路。由双 JK 触发器 74LS112 构成。

②汽车尾灯电路。其显示驱动电路由 6 个发光二极管和 6 个反相器构成。译码电路由 3/8 线译码器 74LS138 和 6 个与非门构成。74LS138 的三个输入端 A_2、A_1、A_0 分别接 S_1、Q_2、Q_1，而 Q_2、Q_1 是三进制计数器的输出端。当 $S_1 = 0$ 时，使能信号 $A = G = 1$，计数器的状态位为 00、01、10 时，74LS138 对应的输出端 $\overline{Y_0}$、$\overline{Y_1}$、$\overline{Y_2}$ 依次为 0 有效、1 无效，即反相器 $G_1 \sim G_3$ 的输出端也依次为 0，故指示灯 $D_1 \rightarrow D_2 \rightarrow D_3$ 按顺序点亮示意汽车右转弯。若上述条件不变，而 $S_1 = 1$，则 74LS138 对应的输出端 $\overline{Y_4}$、$\overline{Y_5}$、$\overline{Y_6}$ 依次为 0 有效，即反相器 $G_4 \sim G_6$ 的输出端依次为 0，故指示灯 $D_4 \rightarrow D_5 \rightarrow D_6$ 按顺序点亮，示意汽车左转弯。当 $G = 0$，$A = 1$ 时，74LS138 的输出端全为 1，$G_6 \sim G_1$ 的输出端也全为 1，指示灯全灭；当 $G = 0$，$A = CP$ 时，指示灯随 CP 的频率闪烁。

③开关控制电路。设 74LS138 和显示驱动电路的使能端信号分别为 G 和 A，根据总体逻辑功能表分析和组合得 G、A 与给定条件（S_2、S_1、CP）的真值表，如表 5 – 3 所示，由此表经过整理得逻辑表达式为：

$$G = S_2 \oplus S_1$$

$$A = \overline{S_2 S_1} + S_2 S_1 CP = \overline{\overline{S_2 S_1} \cdot \overline{S_2 S_1 CP}}$$

表 5 –3

开关控制		CP	使能信号	
S$_2$	S$_1$		G	A
0	0	×	0	1
0	1	×	1	1
1	0	×	1	1
1	1	CP	0	CP

（4）设计汽车尾灯总体电路

3. 实验内容

试用 74LS138、与非门、触发器和异或门等组件设计此控制电路，并接线实验。

4. 实验报告要求

（1）画出各单元电路设计的电路图和总体设计的电路图。

（2）总结实验结果。

实验 29   三相异步电动机的延时控制和顺序控制

1. 实验目的

（1）掌握三相电机、各种继电器、接触器、行程开关、可编程控制器（PLC）的使用方法。

（2）掌握常用单元控制电路的设计方法及由单元电路组成的控制系统的设计调试技术。

2. 设计任务书

（1）基本要求

设计一个两台三相异步电动机控制系统。指标要求如下：

①电机 A 开动后，电机 B 延时 5s 才能开动。

②电机 B 能实现正反转，并能单独停车。

③有短路、零压及过载保护。

（2）提高部分

①用可编程控制器（PLC）设计。

②用 EWB 软件仿真。

3. 设计与总结报告

（1）设计方案（方案比较、设计与论证）。

（2）理论分析与计算。

（3）电路图及有关设计文件。

（4）测试方法与仪器。

（5）测试数据及测试结果分析。

实验 30　设计一个电路元件参数测试的实验

1. 简要说明

电路中的电子元器件，象电感、电容等这些元件的参数有时是不知道的，需要用实验的方法测试。输入 $U_i = 2V$、$f = 10kHz$ 的正弦信号，采样电阻 $R = 100\Omega$。

2. 设计任务和要求

（1）写出测量电感 L 和电容 C 元件参数的实验方案。

（2）写出实验所选仪器、仪表的名称。

（3）实验测试。

实验 31　直流稳压电源的设计

1. 设计任务与要求

（1）输出直流电压 $V_o = -12 \pm 0.2V$

（2）输出直流电流 $I_o = 0 \sim 450mA$

（3）输出纹波电压小于 $2mV$。

（4）输出内阻 $r < 1\Omega$。

（5）电网电压波动 $\pm 10\%$。

（6）有过流保护电路。

2. 设计与总结报告

（1）设计方案（方案比较、设计与论证）。

（2）理论分析与计算。

（3）电路图及有关设计文件。

（4）测试方法与仪器。

（5）测试数据及测试结果分析。

实验 32　彩灯控制电路设计

1. 设计任务和要求

设计舞厅彩灯控制电路。要求彩灯有红、绿、蓝三路，任何时刻有两路彩灯闪烁，彩灯交替时间 $0.5 \sim 1\text{s}$，交替时间根据实际情况可调。

2. 实验内容

试用 D 触发器以及移位寄存器 74LS194 等组件设计此控制电路，并接线实验。

4. 实验报告要求

（1）画出各单元电路设计的电路图和总体设计的电路图。

（2）总结实验结果。

实验 33　设计一个交通信号灯控制管理器

1. 简要说明

十字交通路口的红绿灯指挥着行人和各种车辆安全运行。目前都是用计算机自动控制交通信号灯，本课题是要求能用数字电子技术知识解决此类问题。

2. 设计任务和要求

（1）甲道通行时间为 2min。

（2）甲道停车时间为 20s。

（3）乙道通行时间为 1min。

（4）乙道停车时间为 10s。

（5）老人、小孩和残疾人请求过马路时，管理器立即响应，10s 后允许行人通过。

（6）交通管理人员有权随时终止甲、乙道交替时间，以便解决突发事件。

3. 设计与总结报告

（1）设计方案（方案比较、设计与论证）。

（2）理论分析与计算。

（3）电路图及有关设计文件。

（4）测试方法与仪器。

（5）测试数据及测试结果分析。

实验 34   八路竞赛抢答器的设计

1. 设计任务

设计一个八路竞赛抢答器。

2. 设计要求

（1）基本要求

①用 LED 数码管显示最先抢答的号码，并带有锁定功能。

②系统设置外部清除按钮。

③系统设有抢答允许按钮，按下此按钮后才能起动抢答。

④抢答有效时，发出短音提示。

⑤增加抢答限时功能，定时时间为 10s。超时后，发出长音提示，且禁止抢答。

（2）扩展部分

①显示抢答时间，最小时间单位为 10ms。

②增加语音报抢答成功号码的功能。

3. 设计与总结报告

（1）设计方案（方案比较、设计与论证）。

（2）理论分析与计算。

（3）电路图及有关设计文件。

（4）测试方法与仪器。

（5）测试数据及测试结果分析。

附　录

附录 1　MF-500 型万用表使用说明

　　万用表是一种多用途的电工仪表，它具有测量交流电压、直流电压、直流电流、电阻和音频电平等功能（有些型号万用表还可以测量交流电流）。

　　万用表是由测量机构（表头）、测量电路、转换开关和电池组成。转换开关挡位的切换可改变电表内部测量电路的结构，从而改变量程，以便测量不同类型的物理量。面板上还有机械零位调整螺丝、零欧姆调节电位器和标有（+）、（*）、（dB）、（2500V）等测量孔。其面板结构图见附图 1-1。

　　万用表的型号很多，但它们的结构基本相似，使用方法也基本相同。本附录以 MF-500 型万用表为例介绍其使用方法。

1. 面板结构图

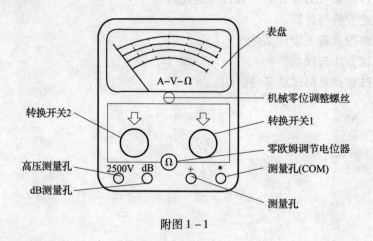

附图 1-1

2. 万用表的性能指标

　　万用表的主要技术性能指标如附表 1-1 所示：

	测量值范围	灵敏度	准确度等级	基本误差%	基本误差表示方法
直流电压	0~2.5~10~50~ 250~500V	20000Ω/V	2.5	±2.5	以标尺工作部分上量程的 百分数表示
直流电压	2500V	4000Ω/V	4.0	±4.0	以标尺工作部分上量程的 百分数表示
交流电压	0~10~50~ 250~500V	4000Ω/V	5.0	±5.0	以标尺工作部分上量程的 百分数表示
交流电压	2500V	4000Ω/V	5.0	±5.0	以标尺工作部分上量程的 百分数表示
直流电流	0~50μ~1m~10m ~100m~500mA		2.5	±2.5	以标尺工作部分全长 百分数表示
电阻	1~100~1k~10kΩ		2.5	±2.5	以标尺工作部分全长 百分数表示
音频电平	-10~22dB				以标尺工作部分全长 百分数表示

3. 万用表的使用

（1）直流电压的测量

万用表的表头与分压电阻串联，构成多量程的直流电压表。原理电路如附图1-2所示。

MF-500型万用表直流电压挡的灵敏度为20000Ω/V，准确度为2.5级。

测量电压时，电压表必须与被测电路并联。电压表的内阻愈高，从被测电路中所取的电流愈小，对被测电路影响愈小——万用表电压挡的灵敏度表示这个特征。即电压挡的灵敏度 $= \dfrac{R_n（\Omega）}{u_n（\Omega）}$，$R_n$为电压表的总电阻，$u_n$为电压表的量程。

上述说明每伏欧姆值愈大，电表的灵敏度愈高，对被测电路的影响愈小。

直流电压表的读数见表盘上的 ≃（0~50、0~250）标度尺。被测电压的实际读数为标尺上的读数（0~50 或 0~250 刻度数）乘以量程/满刻度值50（/250）。例如：转换开关设置在 $\overset{v}{\sim}$ 和 10V 量程挡上，而表的指针在标度尺 0~50 的 30 处，则此时的直流电压读数为 30×10/50=6（V）。

（2）直流电流的测量

万用表的表头与分流电阻并联，构成了多量程电流表。原理电路如附图1-3所示。

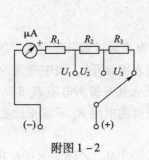

附图 1-2

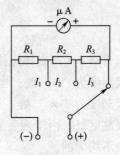

附图 1-3

测量电路中的电流时，电流表必须串联在被测支路中。被测电流通过时，因表头存在内阻会产生电压降，此压降改变了电路的工作电流，因而造成测量误差。万用表电流量程愈小，电表的内阻愈大。为减小电表内阻造成测量误差，可选大一挡的量程。但过大的量程，因指针偏转角度小及刻度等原因会引入读数误差。万用表直流电流挡各挡的内阻为：500mA 挡为 1.5Ω、100mA 挡为 7.5Ω、10mA 挡为 75Ω、1mA 挡为 750Ω、$50\mu A$ 挡为 $15k\Omega$，准确度为 2.5 级。

直流电流和直流电压为同一条标度尺读数，读数方法与测量直流电压的相同。

（3）交流电压的测量

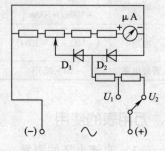

测量交流电压时，磁电系仪表必须采用整流电路。MF－500型万用表采用串、并联方式的二极管半波整流电路，以及不同的倍压电阻组成不同量程的交流电路，准确度为4.0级，灵敏度为4000Ω/V。原理电路如附图1－4所示

由附图1－4可见，流过表头的是"直流电"的平均值。表盘刻度已折算为正弦交流电的有效值。因此，万用表只能测量正弦交流电压，其频率适用在 45～65～1000Hz 范围内。测量交流电压的方法及读数与直流电压

附图1－4

的测量及读数方法相同。如所测交流电压在 10V 以上时共同直流电压的标度尺。在测量小于 10V 的交流电压时，由于二极管的非线性影响，万用表专设了一条标度尺，用于读取较低的交流电压，以免引入读数误差。

（4）电阻的测量

万用表用于测量电阻时，表内装有电池。因此，对于外测电流而言，万用表可等效为一电压源。测量电阻时的原理电路及等效电路如附图1－5（a）和（b）所示，

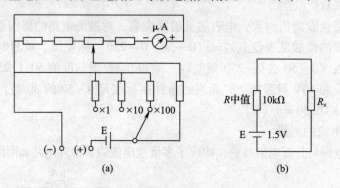

附图1－5

当被测电阻 $R_x = 0$（两表棒短接）时，此时电表通过满量程电流，指针满偏转，指到表盘上标度尺刻度为"0"处；当 $R_x = \infty$（两表棒分开），表中电流为零，指针不偏转，指到标度尺刻度为"∞"处。当两测试棒接入某一被测电阻 R_x 时，表的指针偏转在相应的标度尺刻度处。由于表头通过的电流与被测电阻 R_x 不成正比关系，因此欧姆的标度尺刻度是不均匀的。

MF－500 型万用表的欧姆挡分为 ×1、×10、×100、×1K、×10K 共 5 挡（或称 5

个倍率）。被测电阻 R_x 的实际读数应为标度尺刻度处读数乘上倍率。例如：转换开关置在"Ω"和"$\times 10$"挡，测试某一电阻时，指针指在 80Ω 处，此时 R_x 的实际读数应为 $80 \times 10 = 800$（Ω）。

当被测电阻 R_x 值等于表的总内阻时，流过电表的电流为满量程的二分之一，表的指针指在表盘中心刻度位置。因此对应表的标度尺中心刻度的电阻为电表内阻值，称为中值电阻。附图 1 – 5（b）为 $R \times 100$ 量程挡的等效电路。附表 1 – 2 中列出了不同欧姆量程挡的中值电阻。

附表 1 – 2

Ω 挡级	$\times 1$	$\times 10$	$\times 100$	$\times 1K$
中值电阻	10Ω	100Ω	1000Ω	10000Ω

使用 $\times 10K$ 挡测量电阻时，表内另装有 9V 的叠层电池，以供测量高值电阻。

万用表的（+）测试插座应接红色表棒，（∗）接黑表棒。但在测电阻时，红表棒是接内部电池的负极，而黑表棒是接内部电池正极。从附图 1 – 5（a）中可知：当用欧姆挡判别二极管或晶体三极管极性时，有特别意义。

4. 使用注意事项

（1）正确选择测试插孔和转换开关的位置。测量直流量时，要注意正负极性。被测量大小不详时，先用高量程挡试测，再改用合适量程。

（2）严禁用电流挡、电阻挡测电压。

（3）严禁在被测电阻带电情况下，用电阻挡测量电阻。

（4）测量电阻前注意欧姆挡调零。电阻挡量程的选择，应使被测电阻接近该挡的中心值电阻。

（5）使用完毕应使两个转换开关位置旋至"·"位置上。

附录 2　Multisim2001 简介

Multisim2001 是美国 NI 公司推出的电子线路仿真软件。目前美国 NI 公司的 EWB 包含有电子电路仿真设计模块 Multisim、PCB 设计软件 Ultiboard、布线引擎 Ultiroute 及通信电路分析及设计模块 CommSIM 四个部分，四部分相互独立，可以分别使用。

Multisim2001 是一个完整的设计工具系统，提供了庞大的元件数据库，并提供原理图输入接口、全部的数模 SPICE 仿真功能、VHDL/Verilog 设计接口与仿真功能、FP-GA/CPLD 综合、RF 射频设计能力和后处理功能，还可以进行从原理图到 PCB 布线工具包的无缝数据传输。Multisim 提供全部先进的设计功能，满足使用者从参数到产品的设计要求。

Multisim2001 采用用软件的方法虚拟电子与电工元器件、电子与电工仪器和仪表，通过软件将元器件和仪器集合为一体。它是一个电路设计、电路功能测试的虚拟仿真软件。

1. Multisim2001 的基本界面

（1）Multisim2001 的主窗口

起动 Multisim2001，可以看到 Multisim2001 的主工作窗口，如附图 2－1 所示。

附图 2－1　Multisim2001 的主界面

Multisim2001 的界面与所有 Windows 应用程序一样，可以在主菜单中找到各个功能命令，主窗口如同一个实际的电子实验台。屏幕中央区域是电路窗口，电路窗口周围分别是设计工具栏、元件工具栏及仪表栏，在电路窗口可以进行电路图的编辑绘制、仿真分析、波形数据显示等。下面分别对设计工具栏、元件工具栏及仪表栏作简单介绍。

（2）设计工具栏

设计工具栏是 Multisim2001 的核心，使用它可进行电路的建立、仿真、分析，并最终输出设计数据（虽然菜单栏中已包含了这些设计功能，但使用该设计工具栏进行电路设计将会更方便快捷）。设计工具栏共有 9 个按钮，从左至右分别是：

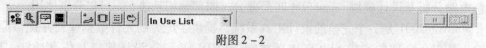

附图 2－2

元件（Component）按钮：用以确定存放元器件模型的元件工具栏是否放到电路界面上。

元件编辑器（Component Editor）按钮：调整或增加元件。

仪器（Instruments）按钮：用以给电路添加仪表或观察仿真结果。

仿真（Simulate）按钮：用以开始和结束电路仿真。

分析（Analysis）按钮：选择将要进行的分析方法。

后处理"Postprocessor"按钮：用以进行对仿真结果的进一步操作。

VHDL/Verilog 按钮：用以使用 VHDL/Verilog 模型进行设计。

报告（Reports）按钮：打印相关电路的报告。

传输（Transfer）按钮：与其他程序如 Ultiboard 进行通信，也可将仿真结果输出到像 MathCAD 和 Excel 这样的应用程序。

仿真开关，是运行仿真的一个快捷键。原理图输入完毕，接上虚拟仪器后，用鼠标单击即可运行或停止仿真。

（3）元（器）件工具栏（Component Toolbar）

如附图 2 - 3 所示，这是用户在电路仿真中可以使用的所有元器件符号库，它与 Multisim2001 的元器件模型库对应，共有 14 个分类库，每个库中放置着同一类型的元件。在取用其中的某一个元器件符号时，实质上是调用了该元器件的数学模型。

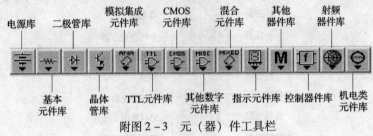

附图 2 - 3　元（器）件工具栏

①电源（Source）库：其对应元器件系列（Family）如附图 2 - 4 所示：

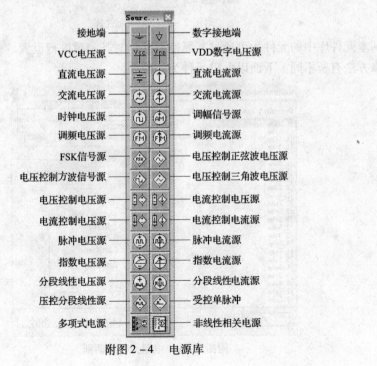

附图 2 - 4　电源库

②基本元件（Basic）库：包含现实元件箱 18 个，虚拟元件箱 7 个，如附图 2 - 5 所示。虚拟元件箱中的元件（带绿色衬底者）不需要选择，而是直接调用，然后再通过其属性对话框设置其参数值。不过，选择元件时应该尽量到现实元件箱中选取，这不仅因为选用现实元件能使仿真更接近于现实情况，而且因为现实的元件都有元件封装标准，可将仿真后的电路原理图直接转换成 PCB 文件。但在选取不到某些参数，或者要进行温度扫描或者参数扫描等分析时，就要选用虚拟元件。

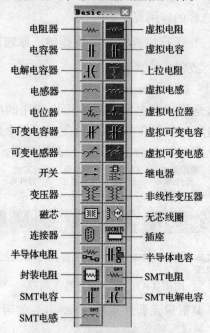

电阻器			虚拟电阻
电容器			虚拟电容
电解电容器			上拉电阻
电感器			虚拟电感
电位器			虚拟电位器
可变电容器			虚拟可变电容
可变电感器			虚拟可变电感
开关			继电器
变压器			非线性变压器
磁芯			无芯线圈
连接器			插座
半导体电阻			半导体电容
封装电阻			SMT电阻
SMT电容			SMT电解电容
SMT电感			

附图 2 - 5　基本元件库

基本元件库中的元件均可通过其属性对话框对其参数进行设置。现实元件和虚拟元件选取方法有所不同。下面以电阻元件为例说明。

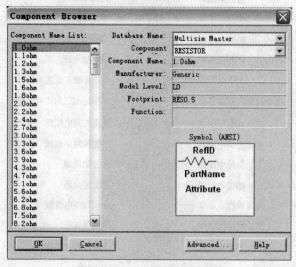

附图 2 - 6　电阻元件对话框

双击附图2-5中的现实电容元件图标，可得到附图2-6所示的对话框。其中给出该器件的若干信息，如名称、符号、制造商、模型层次等。选定左边的元件名称列表中的1.8kohm（即1.8kΩ），单击对话框上的"OK"按钮，这时电阻符号随光标移动，在需要放置该器件的地方单击左键，1.8kohm的现实电阻即被选取。

如若选取1.8kΩ的虚拟电阻，点击绿色衬底的电阻图标，一个电阻符号就随光标带入电路窗口，在需要放置该器件的地方单击左键，即出现1.8kohm的虚拟电阻。随后，双击该电阻图标，打开其属性对话框如附图2-7所示。通过此对话框，不仅可以设置所需的电阻值，还可以设置容差、环境温度、故障、标识等。

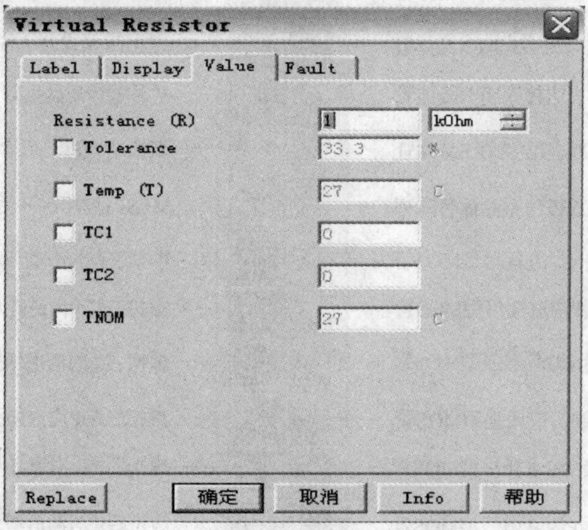

附图2-7　虚拟电阻属性对话框

③二极管库（Diodes Components）：包含10个元件箱，如附图2-8所示。该图中虽然仅有一个虚拟元件箱，但发光二极管元件箱中存放的是交互式元件（Interactive Component），其处理方式基本等同于虚拟元件（只是其参数无法编辑）。

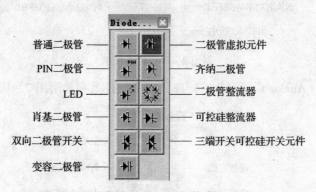

附图2-8　二极管库

发光二极管有6种不同颜色，使用时应注意，该元件只有正向电流流过时才产生可见光，其正向压降比普通二极管大。红色LED正向压降约为1.1~1.2V，绿色LED的正向压降约为1.4~1.5V。

④晶体管（Transistors Components）库：共有 30 个元件箱，如附图 2 - 9 所示。其中，14 个现实元件箱中的元件模型对应世界主要厂家生产的众多晶体管元件，具有较高精度。另外 16 个带绿色背景的虚拟晶体管相当于理想晶体管，其参数具有默认值，也可打开其属性对话框，点击"Edit Model"按钮，在"Edit Model"对话框中对参数进行修改。

双极结型NPN晶体管 —— 虚拟NPN晶体管
双极结型PNP晶体管 —— 虚拟PNP晶体管
虚拟四端式NPN晶体管 —— 虚拟四端式PNP晶体管
达林顿NPN晶体管 —— 达林顿PNP晶体管
双极结型NRE晶体管 —— 双极结型PRE晶体管
双极结型晶体管阵列 —— MES门控功率开关
三端N沟道耗尽型MOS管 —— 虚拟三端N沟道耗尽型MOS管
三端P沟道耗尽型MOS管 —— 虚拟三端P沟道耗尽型MOS管
三端N沟道增强型MOS管 —— 虚拟三端N沟道增强型MOS管
三端P沟道增强型MOS管 —— 虚拟三端P沟道增强型MOS管
虚拟四端N沟道耗尽型MOS管 —— 虚拟四端P沟道耗尽型MOS管
虚拟四端P沟道增强型MOS管 —— 虚拟四端N沟道增强型MOS管
N沟道JFET —— 虚拟N沟道JFET
P沟道JFET —— 虚拟P沟道JFET
虚拟N沟道砷化镓FET —— 虚拟P沟道砷化镓FET
N沟道功率MOSFET —— P沟道功率MOSFET
功率MOS元件

附图 2 - 9　晶体管库

⑤模拟元件（Analog Components）库：对应元件系列如附图 2 - 10 所示。

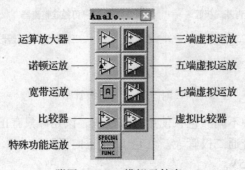

运算放大器 —— 三端虚拟运放
诺顿运放 —— 五端虚拟运放
宽带运放 —— 七端虚拟运放
比较器 —— 虚拟比较器
特殊功能运放

附图 2 - 10　模拟元件库

⑥TTL 元（器）件（TTL）库：对应元件系列如附图 2 - 11 所示。

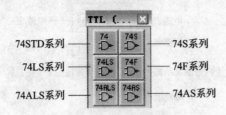

附图 2 - 11　TTL 元件库

使用 TTL 元件库时，器件逻辑关系可查阅相关手册或利用 Multisim2001 的帮助文件。有些器件是复合型结构，在同一个封装里有多个相互独立的对象。

⑦CMOS 元（器）件库：如附图 2 - 12 所示。

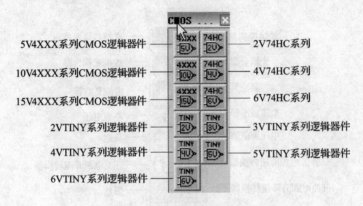

附图 2 - 12　CMOS 器件库

⑧其他数字元件（Misc. Digital Components）库：实际上是用 VHDL、Verilog - HDL 等其他高级语言编辑的按功能存放的虚拟元件库，不能转换为版图文件。

⑨混合器件（Mixed Components）库：如附图 2 - 13 所示，其中 ADC - DAC 虽无绿色衬底也属于虚拟元件。

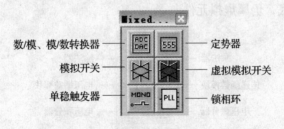

附图 2 - 13　混合器件库

⑩指示器件（Indicators Components）库：如附图 2 - 14 所示，内含有 8 种用来显示电路仿真结果的显示器件（Multisim2001 称之为交互式元件）。交互式元件不允许用户从模型进行修改，只能在其属性对话框中设置参数。

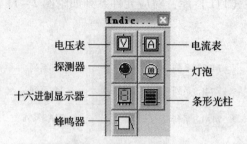

附图 2 - 14　指示器件库

⑪其他器件（Misc. Components）库：该库把不便归于某一类型元件库中的元件放在了一起，如附图 2 - 15 所示。

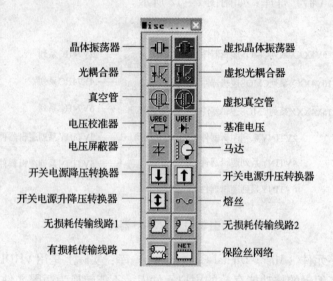

附图 2 - 15　其他器件库

⑫控制器件（Controls Components）库：其中有 12 个常用控制模块，如附图 2 - 16 所示。虽无绿色衬底，仍属虚拟元件。

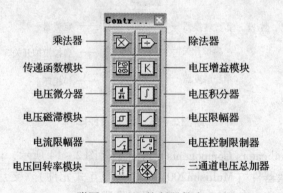

附图 2 - 16　控制器件库

⑬射频元件（RF Components）库：附图 2 - 17 所示，提供了一些适合高频电路的元件，这是目前众多电路仿真软件所不具备的。当信号处于高频工作状态时，电路元件的模型要产生质的改变。

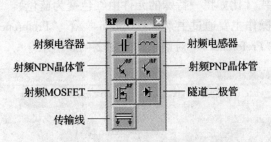

附图 2 - 17　射频元件库

⑭机电类器件（Electro - Mechanical Components）库：该库共包含 9 个元件箱。除线性变压器外，都属于虚拟的电工类器件，如附图 2 - 18 所示.

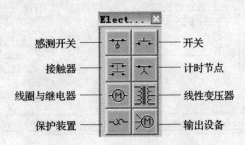

附图 2 - 18　机电类器件库

（4）仪表工具栏（Instruments Toolbar）

Multisim2001 提供了 11 种用来对电路工作状态进行测试的仪器、仪表，如附图 2 - 19 所示。这些仪表的使用方法和外观与真实仪表相当，感觉就像实验室使用的仪器。

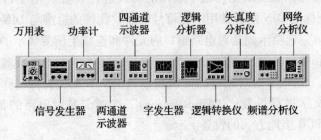

附图 2 - 19　仪表工具栏

2．Multisim2001 的基本操作

（1）定制用户界面

创建一个电路之前，通常应根据具体电路的要求和使用者的习惯设置一个特定的用

户界面，目的在于方便原理图的创建、方便电路的仿真分析、方便观察理解。用户界面设置包括工具栏、电路颜色、页尺寸、聚焦倍数、自动存储时间、符号系统（分美式标准 ANSI 或欧式标准 DIN）和打印设置，界面设置与电路文件一起保存，也可以对整个电路或个例进行重载（比如将一特殊的元件由红色变为蓝色）。

设置用户界面的操作主要通过主菜单"Options"下"Preferences"对话框中提供的各项选择功能实现。"Preferences"对话框如附图 2 – 20 所示。

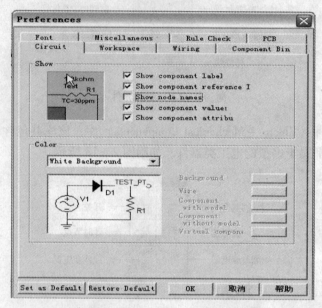

附图 2 – 20　"Preferences"对话框

该对话框中有 8 个选项卡，每个选项卡中又包含了若干个功能选项。适当选取这些选项就能对电路的界面进行较为全面的设置。例如："Workspace"页可对电路显示窗口的图样大小规格等进行设置；"Component Bin"选项卡可对界面上元件箱出现的形式、元件箱内元件的符号标准及从元件箱中取用的方式进行设置（由于目前国际上有美国标准 ANSI 和欧洲标准 DIN 两套常用电器符号标准，我国的标准与 DIN 相近，故选取时应注意）；"Circuit"选项卡则是对电路窗口内元件和连线上所要显示的文字项目、编辑窗口里各元器件和背景的颜色等进行设置；"Wiring"选项卡用来设置电路导线宽度与连线方式；"Font"选项卡是对元件的标识和参数值、节点、引脚名称、原理图文本和元器件属性等的文字进行设置；"Miscellaneous"选项卡是对电路的备份、存盘路径、数字仿真速度及 PCB 接地方式的设置。

（2）仿真实例

要进行一个电路仿真实验，必须先搭接好电路。电路的搭接要经过下列几个步骤：

（1）逐个地将电路中所需的元器件从元器件库中拖曳到工作区内。

（2）按电路图将元器件放在工作平台的适当位置，设置元器件参数。

（3）连接线路。

（4）将测试仪器拖到工作区内，正确设置仪器的挡位或量程。

（5）将仪器连接到电路中。

本节将通过建立一个简单的一阶 RC 电路并添加示波器进行过渡过程仿真的过程介绍 Mutisim2001 的基本操作。

①电原理图的创建

a. 建立电路文件

运行 Multisim2001，它会自动打开一个空白的电路文件。电路的颜色、尺寸和显示模式基于以前的用户喜好设置。也可以单击界面中的□按钮，新建一个空白的电路文件。

b. 向电路窗口中放置元件

绘制电路图首先从元器件库中选取所需元器件。Multisim2001 提供了三个层次的元件数据库："Multisim Master" 为软件自带的主层次，用户只能调用，不能更改；"User" 为用户自建的数据库，仅为用户自用；"Corporate/Project" 仅适用于有合作项目的网络版用户。

仿真电路中所用到的元器件可从工具栏的元件库中直接选取。元件工具栏默认是可见的，如果不可见，请选择 View/Toolbars/Component Toolbar（元件工具栏）或 Virtual Toolbar（虚拟工具栏），即可打开相应的元件工具栏。在元件工具栏中选择所需的元器件按钮，即可打开相应的元器件系列窗口，进行相应的选择。

也可以用 Place/Place Component 放置元件，尤其当不知道要放置的元件包含在哪个元件箱中时，这种方法很有用。

仿真电路中所要用到的元器件可从工具栏的元件库中直接选取，方法是：首先确定元器件所属的层次类别，如 1kΩ 属于基本元件类，只要点击相应元件类别图标，该类别所有的元件图标就会自动展开。有的同一种元器件有不带衬底的现实元件和带绿色衬底的虚拟元件两种图标，现实元件不仅有精确的仿真模型，还有相应的封装信息，能被传送到 PCB 版图设计的软件中。而虚拟元件则没有封装信息，也就不能传送给 PCB 软件。为了与实际电路接近，我们可以选用符合现实标准的电路元件。但由于大多数情况下选取虚拟元件的速度要比选取现实元件快得多，因此仿真时我们会经常用到虚拟元件。

将鼠标置于元件工具栏上，单击 图标，拖动鼠标到电路窗口任意空白位置，单击即可将选中元件放入图中，如附图 2 - 21 和附图 2 - 22 所示。

电阻值默认为 1kohm（即 1kΩ）。如要改变电阻参数，可双击该电阻图标，打开其属性对话框，如附图 2 - 23 所示。

附图 2 - 21　电阻元件类型库

从图中可见，该对话框有 Value、Label、Display 和 Fault 四页。

Value 页设置参数值，包括：

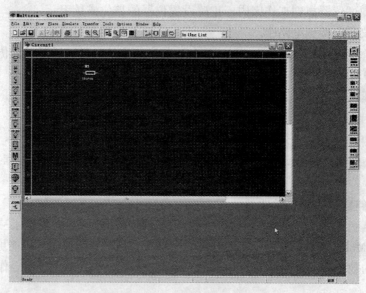

附图 2 – 22　选取电阻示意图

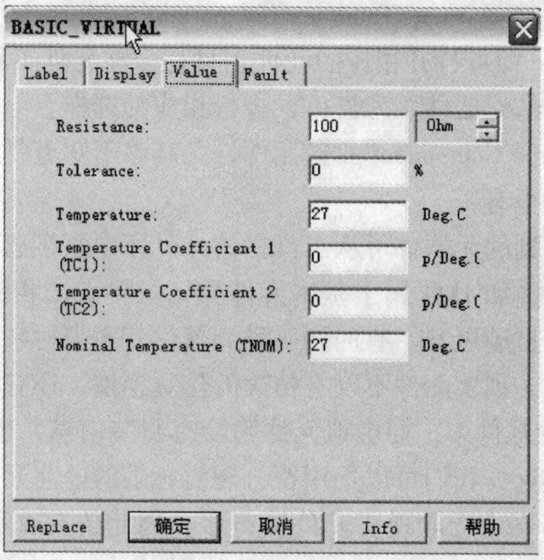

附图 2 – 23　Resistor Virtual 对话框

Resistance：设置电阻值，在右边栏中选定其单位。

Tolerance：若选中可设置该电阻的容差（即误差），在其右边栏中输入所要设定的容差值（百分比）。

Temp（T）：设置环境温度，可先选取此项，然后在其右边的栏中输入所要设置的温度值。

Label（标识）页用于设置电阻的标识，其中包括下列选项：

Reference ID：该电阻的元件序号，是元件唯一的识别码，必须设置且不允许重复。

Label：为该电阻的标识文字，没有电器意义，可输入中文。

Attributes：由用户记录所用的该电阻的信息窗口，如元件名称、参数值及制造者等。

Display（显示）页用以确定该虚拟电阻在电路窗口中所要显示的信息，其中包括5项：

Use Schematic Option Global Setting：若选中此项，则将采用全电路整体显示认定，不可单独认定此元件的显示方式，此时，下面的4个选项无效。

Show labels：显示元件的标识。

Show values：显示元件的数值。

Show reference ID：显示元件的序号。

Show Attributes：显示元件的属性。

Fault（故障）页设置该元件可能出现的故障，以便预知该元件发生相应故障时产生的现象，其中包括如下4个选项：

None：无故障产生。

Open：元件两端开路。

Short：元件两端短路。

Leakage：元件发生漏电故障，漏电流的大小可在下面的栏内设置。

下面我们按照下列要求送取并放置元件：一个电阻标号为 R1，阻值为 10kohm；

一个电容 C1 = 5.1nF（从基本元件库中选取），其选取和参数的修改与电阻相仿；从电源组选取一个接地。

c. 连接电路

Multisim2001 有自动与手工两种连线方法。自动连线为 Multisim2001 特有，选择管脚间最好的路径自动完成连线，它可以避免连线通过元件和连线重叠。手工连线要求用户控制连线路径。一般需将自动连线与手工连线结合使用。

（a）自动连线：对于两元器件之间的连接，只要将光标移近所要连接的元件引脚一端，光标就会自动转变为十字形，点击左键；移动光标至另一元件的引脚，再次点击左键。程序即自动连接这两个引脚之间的线路。

若要元件与某一线路的中间连接，则光标先指向该引脚，点击左键；然后移到所要连接的线路上，再点击左键。程序不但自动连接这两点，同时在所连接线路的交叉点上，自动放置一个节点。若两条线交叉而过无节点时，则表示两条交叉线是不连接的。

（b）手动连接：从元件的引脚引出线路的过程中，光标移动到移动路径的适当位置上，点击左键，即可得到一条自行设定的线路轨迹。

（c）线路轨迹调整：如需对已连接好的线路轨迹进行调整，可先将光标对准欲调整的线路，点击右键选中，再按住左键，拖动线上的小方块或两小方块之间的线段至适当位置后，松开左键即可。

（d）节点的放置：如果要让交叉线连接，需要在交叉点上放置一个节点。操作方法是：起动"Place/Place Junction"命令，然后指向要放置节点的位置，点击鼠标左键，即可在该处放置一个节点，两条线就会连接。为了可靠连接，在放置节点之后，稍微移动一下与该节点相连的其中一个元件，看是否有"虚焊"。

（e）连线与节点颜色的设置：为了使电路各连线及节点彼此之间清晰可辨，可对它们设置不同的颜色来区分。方法是：光标指针先指向某一连线或节点，点击右键选中，通过"Color"来设置颜色。

（f）连线与节点的删除：选中要删除的连线与节点，选择"Delete"即可删除。

给步骤 b 放置的元件连线，连接好的电路如附图 2 - 24 所示。

d. 虚拟仪表的连接

使用虚拟仪表显示仿真结果是检测电路行为最简便的方法。我们以在附图 2 - 24 中添加一台信号发生器及一台示波器为例，扼要指导您使用仪表。

（a）添加信号发生器并连线：在仪器工具栏中选择信号发生器 ▦，移动鼠标至电路窗口右侧，单击鼠标，信号发生器出现在电路窗口中。单击信号发生器" + "端拖动连线到 R1 左端，点击"完成"，再单击信号发生器中间端子拖动连线到 C1 下端，点击完成。

（b）信号发生器输入信号参数：矩形波信号，$U_S = 5V$，$T = 1ms$，$t_p = 0.3ms$，如附图 2 - 25 所示。

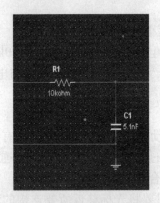

附图 2 - 24 电路原理图

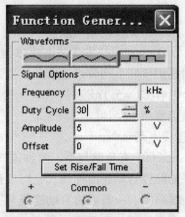

附图 2 - 25 信号发生器设置

（c）添加示波器并连线：在仪器工具栏中选择双踪示波器图标 ▦，移动鼠标至电路窗口右侧，单击鼠标，示波器出现在电路窗口中。单击示波器 A 通道，拖动连线到 R1 右端，点击，完成用 A 通道测量 U_{C1} 输出电位的电路连接。

电路连接结果如附图 2 - 26 所示。

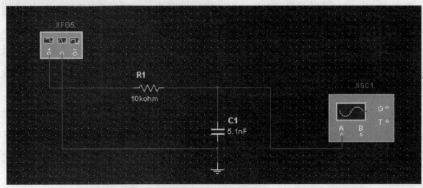

附图 2 - 26 仪表连接

（d）设置示波器参数

每种虚拟仪表的显示都由一系列的设置来控制。双击示波器图标，打开的示波器界面如附图2－27所示。为了得到稳定读数，示波器参数设置参考附图2－28。

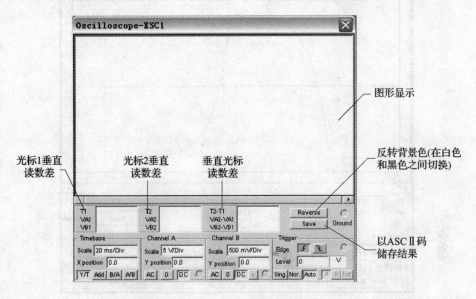

附图2－27　打开的示波器界面

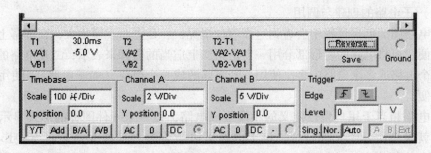

附图2－28　示波器设置

②电路仿真

a. 开始仿真

上述工作已经为仿真电路做好了准备。要仿真电路，单击界面右上角的 ⬛仿真开关。电路开始工作。

b. 观察仿真结果

观察仿真结果最好的方法是利用前边加到电路中的示波器。如果仪表处于"未打开"状态，可以双击示波器图标"打开"它，可观察到附图2－29的结果。

c. 停止仿真

在仿真状态下如要停止仿真，单击设计工具栏中的 ⬛按钮即可。

125

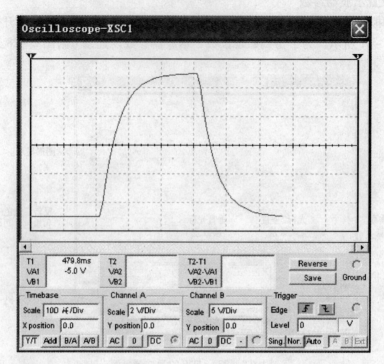

附图 2 – 29　示波器仿真波形

（3）子电路的创建与调用

在电路图的创建过程中会碰到这样两种情况：一是电路规模很大，在屏幕上全部显示不方便，可将电路的菱形部分用一个框图加上适当的引脚来表示；二是电路的某一部分在一个电路或多个电路中多次使用，若将其圈成一个模块（如子电路），使用起来会十分方便。

子电路相当于用户自己定义的小型集成电路，以一个元件图标的形式显示在主电路中，就像使用一个元件一样，该子电路可以被修改，其修改结果将直接影响主电路。子电路不能直接被打开，而必须从主电路中打开。当保存主电路时，子电路也被保存。

创建子电路时，首先需要为子电路添加输入输出节点（Input/Output Node），这些节点将在主电路中以图标引脚的形式显示相应连接的位置。

添加子电路时：

①将要被制作成子电路的电路复制或剪切到剪贴板。

②执行菜单命令"Place/Place as Subcircuit"或在窗口空白处单击鼠标右键，在出现的窗口中选择"Place as Subcircuit"，程序将提示用户为子电路命名并提示保存，并且剪贴板上的内容显示为一个新的、独立的显示窗口。

③返回到要放置子电路的窗口，在窗口空白处单击鼠标右键，选择"Place as Sub-circuit"，键入该子电路名；这时子电路以其命名，并以一个元件的形式显示在电路窗口中。若要编辑该子电路，可以双击其图标，在该窗口中按"Edit Subcircuit"即可对

该子电路再次进行修改。

（4）帮助功能的使用

Multisim2001 提供了丰富、详尽的联机帮助功能。任何时候，对某一分析功能或操作命令没有把握时，都可以使用帮助菜单或 F1 键，去查阅有关信息。选择"Help/Help Index"命令即可调用和查阅有关的帮助内容。可以按目录或主题搜索方式进行查阅。附图 2 - 30 是使用主题搜索方式时的初始画面。如果对某一个元件或仪器感兴趣，可先"选中"该对象，然后按 F1 键或单击工具栏上的帮助按钮"?"，则与该对象相关的内容即弹出。

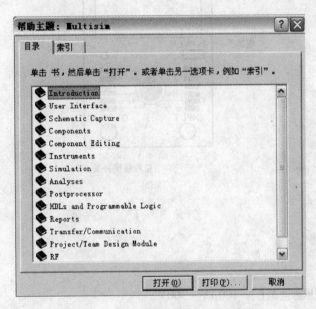

附图 2 - 30　主题搜索方式的帮助画面

附录3　SX2172 型交流毫伏表

1．概述

SX2172 型交流毫伏表具有测量准确度高，频率影响误差小，输入阻抗高的优点，且换量程不用调零。另内设交流电压输出，作为宽频带、低噪声、高增益放大器或其他电子仪器的前置放大器。

该仪器用于测量频率为 5 ~ 2MHz，电压量程为 100 ~ 300V。

2．工作原理

本仪器是由 60dB 衰减器、输入保护电路、阻抗转换电路、10dB 步级衰减器、前置放大器、表放大器、表电路、监视放大器和稳压电源电路组成。方框图和面板图附图 3 - 1（a）、（b）分别为该仪器方框图和面板图。

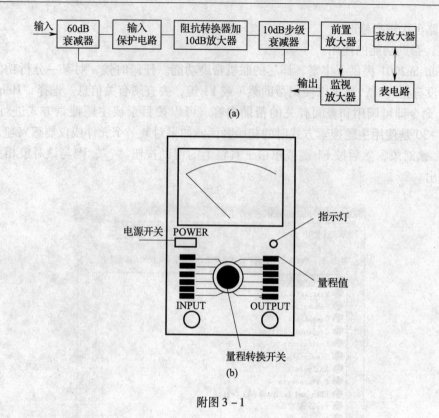

附图 3 - 1

3. 技术参数

(1) 交流电压测量范围：100μV ~ 300V。

(2) 量程共分 12 挡：1、3、10、30、100、300mV 和 1、3、10、30、100、300V；dB 量程分 12 挡量程：-60、-50、-40、-30、-20、-10、0、+10、+20、+30、+40、+50dB。本仪器采用两种 dB 电压刻度：0dB = 1V，0dB = 0.775V。

(3) 电压固有误差：满刻度 ±2% （1kHz）。

(4) 基准条件下的频率影响误差：（以 1kHz 为基准）5 ~ 2MHz ±10%、10 ~ 500kHz ±5%、20 ~ 100kHz ±2%。

(5) 输入电阻：1 ~ 300mV 8MΩ ±10%；1 ~ 300V 10MΩ ±10%。

(6) 输入电容：1 ~ 300mV 小于 45PF；1 ~ 300V 小于 30PF。

(7) 最大输入电压：AC 峰值 + DC = 600V。

(8) 噪声：输入短路时小于 2% （满刻度）。

(9) 输出电压：在每一个量程上，当指针指示满刻度 "1.0" 位置时，输出电压应为 1V。（输出端不接负载。）

(10) 频率特性：10 ~ 500kHz - 3dB （以 1kHz 为基准）。

(11) 输出电阻：600Ω 允许误差 ±20%。

(12) 失真系数：在满刻度上小于 1% （1kHz）。

（13）工作温度范围：0~40℃。

（14）工作湿度范围：小于90%。

（15）电源：220V 允许误差 10%，50/60Hz，2.5W。

4. 使用方法及注意事项

（1）仪器接通电源前，应检查电表指针是否在零位上，如果不在零上，可调节机械调零螺丝，使指针到零。

（2）将"测量范围"转换开关旋至 300V 量程挡，接通电源，预热 5s 后，仪器可以工作。

（3）测量时不知道被测电压的数值，应将量程旋到最大挡位，接入被测电压后，再根据读数逐渐减小量程。

（4）用仪器的低量程挡测量小电压时，应先接测试线的接地线，然后再接测量线。测量完毕，应先取下测量线，后取下接地线。

（5）每次测量完毕应将量程开关旋到最大挡。

附录4　LM1600 系列函数信号发生器

1. 概述

LM1600 系列函数信号发生器，是一种高精密度信号源，仪器外形新颖，操作方便，具有数字频率计、计数器、电压显示和功率输出等功能，各端口具有自动保护功能。广泛应用于教学、电子实验、科研开发、电子仪器测量等领域。

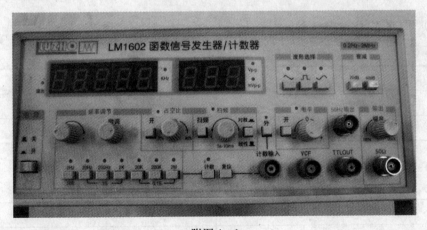

附图 4 – 1

2. 技术性能指标

下面以附图 4 – 1 所示 LM1602 函数信号发生器/计数器为例，介绍技术性能指标。

（1）电压输出（VOLTAGE OUT）（参见附表 4 – 1）

附表 4 - 1

频率范围	0.2 ~ 2MHz
频率分挡	七挡十进制
频率调整率	0.1 ~ 1
输出波形	正弦波、方波、三角波、脉冲波、斜波、50Hz 的正弦波
输出阻抗	50Ω
输出信号类型	单频、调频、扫频
扫频类型	线性、对数
扫描速率	5 ~ 10ms
VCF 电压范围	0 ~ 5V，压控比≥100:1
外调频电压	0 ~ 3V$_{p-p}$
外调频频率	10Hz ~ 20kHz
输出电压幅度	20V$_{p-p}$（1MΩ），10V$_{p-p}$（50Ω）
输出保护	短路、抗输入电压：±35V（1min）
正弦波失真度	≤100kHz 2%，>100kHz 30dB
频率响应	0.5dB
占空比调节	20% ~ 80%
衰减精度	≤ ±3%
占空比对频率影响	±10%
50Hz 的正弦输出	约 2V$_{p-p}$

（2）TTL/CMOS 输出（参见附表 4 - 2）

附表 4 - 2

输出幅度	"0"：≤0.6V；"1"：≥2.8V
输出阻抗	600Ω
输出保护	短路，抗输入电压：35V（1min）

（3）频率计数（参见附表 4 - 3）

附表 4 - 3

测量精度	5 位 1%，±1 个字
分辨率	0.1Hz
外侧频范围	1 ~ 10MHz
外侧频灵敏度	100mV
计数范围	五位（99999）

（4）功率输出（参见附表4-4）

附表4-4

频率范围	方波：20kHz 三角波：20kHz 正弦波：20kHz
输出电压	$35V_{p-p}$
输出功率	≥10W
直流电平偏移范围	+15 ~ -15V
输出过载指示	指示灯亮

（5）幅度显示（参见附表4-5）

附表4-5

显示位数	三位
显示单位	V_{p-p}或mV_{p-p}
显示误差	±15%，±1 个字
分辨率	$1mV_{p-p}$（40dB）
负载为1MΩ	直读
负载为50Ω	读数取半

（6）电源（参见附表4-6）

附表4-6

电压	200V±10%
频率	50Hz±5%
视在功率	约10VA
电源保险丝	BGXP-1-0.5A

（7）环境条件（参见附表4-7）

附表4-7

工作温度	0~40℃
储存温度	-40~60℃
工作温度上限	90%（40℃）
储存温度上限	90%（50℃）

3. 面板操作键作用说明

（1）电源开关

电源开关键弹出，即为"关"位置。电源线接入后，按下电源开关，即可接通

131

电源。

（2）LED 显示窗口

此窗口指示输入信号的频率，当按入"外侧"开关，显示外侧信号的频率。

（3）频率调节旋钮（FREQUENCY）

调节此旋钮可以改变输出信号频率：顺时针旋转，频率增加；逆时针旋转，频率减小。另微调旋钮可以调节微调频率。

（4）占空比（DUTY）

通过占空比开关和占空比调节旋钮可以改变波形的占空比。按入占空比开关，占空比显示灯亮；调节占空比旋钮，改变波形占空比。

（5）波形选择开关（WAVE FORM）

按对应波形的按键，即可选择需要的波形。

（6）衰减开关（ATTE）

控制电压输出的衰减。两挡开关可以组合为 20dB、40dB、60dB。

（7）频率选择范围开关（并兼频率计闸门开关）

根据需要的频率，按对应的键。

（8）计数、复位开关

按计数键，LED 显示开始计数；按复位键，LED 显示全为 0。

（9）计数/频率端口

计数和外侧频率输入端口。

（10）外侧开关

按入此开关，LED 显示窗显示外侧信号的频率或者计数值。

（11）电平调节

按入电平调节开关，电平指示灯亮；接着调节电平调节旋钮，可改变直流偏置电平。

（12）幅度调节旋钮（AMPLITUTE）

顺时针调节此旋钮，可以增大电压输出幅度；逆时针调节此旋钮，可以减小电压输出幅度。

（13）电压输出端口（VOLTAGE OUT）

电压由此端口输出。

（14）TTL/CMOS 输出端口

此端口输出 TTL/CMOS 信号。

（15）VCF

此端口输入电压控制频率变化。

（16）扫频

按入扫频开关，电压输出端口输出信号为扫频信号；调节速率旋钮，可改变扫频速率；改变线性/对数开关，产生线性或对数扫频。

（17）电压输出显示

3 位 LED，显示输出电压值。输出接 50Ω 负载时，应将读数少一半。

（18）50Hz 正弦波

交流 OUTPUT 输出端口输出 50Hz、约 $2V_{p-p}$ 的正弦波。

4. 基本操作方法

打开电源开关之前，首先检查输入的电压，如附表 4-8 设定各个控制键：

附表 4-8

电源（POWER）	电源开关键弹出
衰减开关（ATTE）	衰减开关弹出
外侧频（COUTER）	外侧频开关弹出
电平	电平开关弹出
扫频	扫频开关弹出
占空比	占空比开关弹出

所有的控制键如上设定后，打开电源。函数信号发生器默认 10K 挡正弦波，LED 显示窗口显示本机的输出信号频率。

（1）将电压输出信号由幅度（VOLTAGE OUT）端口通过连线送入示波器 Y 输入端口。

（2）三角波、方波、正弦波的产生：

①选择按下所需要波形的对应按键。此时，屏幕上将显示出按键所选择的波形。

②改变频率选择开关，示波器显示的波形以及 LED 窗口显示的频率将发生明显变化。

③调节幅度旋钮，顺时针调至最大，示波器显示的波形将 $\geqslant 20V_{p-p}$。

④将电平开关键入，顺时针调节电平旋钮至最大，示波器的波形向上移动；逆时针调节电平旋钮至最大，示波器的波形向下移动，超过最大变化量时被限幅。

⑤按下衰减开关，输出波形将被衰减。

（3）计数、复位

①按复位键，LED 显示全为 0。

②按计数键，计数/频率输入信号时，LED 显示开始计数。

（4）斜波产生

①波形开关置"三角波"。

②占空比开关按入指示灯亮。

③调节占空比旋钮，三角波将变成斜波。

（5）外侧频率

①按入外侧开关，外侧频指示灯亮。

②将外侧信号由计数/频率输入端输入。

③选择适当的频率范围，由高量程向低量程选择合适的有效数，确保测量精度

（6）TTL 输出

①TTL/CMOS 端口接示波器 Y 轴输入端。

②示波器将显示方波或脉冲波，该输出端可以作为 TTL/CMOS 数字电路实验时钟信号源。

（7）扫频

①按入扫频开关，此时幅度输出端口输出的信号为扫频信号。

②按下线性/对数开关，如果扫频状态是弹出时，为线性扫频；如果扫频状态是按入时，为对数扫频。

③调节扫频旋钮，可改变扫频速率。顺时针调节，增大扫频速率；逆时针调节，减小扫频速率。

（8）VCF 压控调频

由 VCF 输入端口输入 0 ~ 5V 的调制信号。此时，幅度输出端口输出为电压控制信号。

（9）调频 FM

由 FM 输入端口，输入电压为 10 ~ 20kHz 的调制信号。此时，幅度输出端口输出为调频信号。

（10）50Hz 正弦波

由交流 OUTPUT 输出端口输出 50Hz 约 $2V_{p-p}$ 的正弦波。

（11）功率输出

按入功率键，上方左侧指示灯亮，功率输出端口有信号输出，改变幅度电位器输出幅度随之改变；当输出过载时，右侧指示灯亮。

附录5　CA1640 系列函数信号发生器

1. CA1640 系列函数信号发生器是一种精密测试仪器，具有连续信号、扫描信号、函数信号、脉冲信号等多种输出信号和外部扫描功能，是实验室、生产线及教学、科研常用的设备。

2. 技术性能指标

频率范围：0.2 ~ 2MHz，按十进制分 7 挡。

输出波形：对称或非对称的正弦波（失真 < 2%）、方波、三角波（线度 > 99%）。

输出阻抗：50Ω/1MΩ，函数输出 50Ω。

输出电压范围：50Ω $1mV_{p-p}$ ~ $10V_{p-p}$；1MΩ $1mV_{p-p}$ ~ $20V_{p-p}$，函数输出幅度 0dB $1V_{p-p}$ ~ $10V_{p-p}$ ± 10%、20dB $0.1V_{p-p}$ ~ $1V_{P-P}$ ± 10%、40dB $10mV_{p-p}$ ~ $100mV_{p-p}$ ± 10%、60dB $1mV_{p-p}$ ~ $10mV_{p-p}$ ± 10%

输出信号类型：单频、调频。

对称度：20% ~ 80%。

直流偏置：范围 −5 ~ +5V。

TTL 输出幅度："0"电平 ≤ 0.8V，"1"电平 ≥ 3V。

TTL 输出阻抗：600Ω。

TTL 输出信号波形：脉冲波。

时基标称频率：12MHz。

外测频范围：0.2Hz ～ 20MHz。

电源电压：~220V

电源频率：50Hz

整机功耗：30W

重量：2kg

工作环境组别：Ⅱ组（0 ～ +40℃）

3. 面板结构及说明

面板结构如下附图 5 – 1 所示：

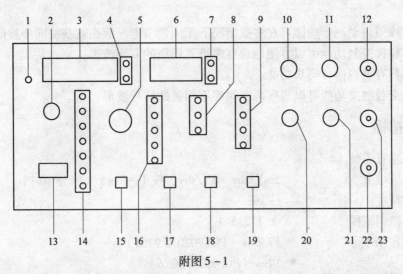

附图 5 – 1

1—闸门，该灯每闪烁一次表示完成一次测量；　2—占空比，改变输出信号的对称性，处于关位置时输出对称信号；　3—频率显示，显示输出信号的频率或外测频信号的频率；　4—频率细调，在当前频段内连续改变输出信号的频率；　5—频率单位，指示当前显示频率的单位；　6—波形指示，指示当前输出信号的波形；　7—幅度显示，指示当前输出信号的幅度；　8—幅度单位，指示当前输出信号幅度的单位；　9—衰减指示，指示当前输出信号幅度的挡级；　10—扫描宽度，调节内部扫描的时间长短。在外测频时，逆时针旋到底（灯亮），则外输入测量信号经过滤波器（截止频率为100kHz左右）进入测量系统；　11—扫描速率，调节被扫描信号的频率范围。在外测频时，当电位器逆时针旋到底（灯亮），则外输入信号经过20dB衰减进入测量系统；　12—信号输入，当第17项功能选择为"外部扫描"或"外部计数"时，外部扫描信号或外测频信号由此进入；　13—电源开关，按入接通电源，弹出断开电源；　14—频段指示，指示当前输出信号频率的挡级；　15—频段选择，选择当前输出信号频率的挡级；　16—功能指示，指示仪器当前的功能状态；　17—功能选择，选择仪器的各种功能；　18—波形选择，选择当前输出信号的波形；　19—衰减控制，选择当前输出信号频率的挡级；　20—幅度细调，在当前幅度挡级连续调节，范围为20dB；　21—直流电平，预置输出信号的直流电平，范围为 –5 ～ +5V。当电位器处于关位置时，则直流电平为0V；　22—信号输出，输出多种波形受控的函数信号，输出幅度20V$_{P-P}$；　23—TTL输出，输出标准的 TTL 脉冲信号，输出阻抗为600Ω

附录6　LM4000、LM8000 双踪示波器

1.　概述

　　LM4000 和 LM8000 系列示波器是便携式双通道示波器。本机垂直系统具有5mV/div 到 5V/div 的偏转灵敏度，水平系统具有 0.5s/div 到 0.2μs/div 的扫描速度，并设有扩展 ×10，可将扫速提高到 20ns/div。

　　本机具有以下特点：

　　（1）扫描扩展功能可以同时观察扫描扩展波形和未被扩展的波形，实现双踪四线显示。

　　（2）峰值自动同步功能可在多数情况下无须调节电平旋钮就获得同步波形。

　　（3）释抑控制功能可以方便地观察多重复周期的复杂波形。

　　（4）具有电视信号同步功能。

　　（5）交替触发功能可以观察两个频率不相关的信号波形。

2.　技术指标

　　（1）垂直系统

灵敏度	5mV/div ~ 5V/div，按 1—2—5 顺序分 10 挡
精度	±3%
微调范围	大于 2.5∶1
上升时间	17.5ns（POS9020A/9201）
	14ns（POS9025/9026）
	8.75ns（POS9040/9041）
频宽（−3dB）	DC − 20MHz（POS9020A/9201）
	22DC − 25MHz（POS9025/9206）
	DC − 20MHz（POS9040A/9041）
输入阻抗	直接：1MΩ ±3%，25PF ±5PF
	经 10∶1　探极 10MΩ ±5%，16PF ±2PF
最大输入电压	400V（DC + AC peak）
工作方式	CH1，CH2，ALT，CHOP，ADD
现在延时	约 100ns（POS9021/9026/9041）

　　（2）触发系统

触发灵敏度	内触发	DC − 10MHz	1.0div
		DC − 20MHz	1.5div
		DC − 40MHz	1.5div（POS9040/9041）
		TV − Signal	2.0div
	外触发	DC − 10MHz	0.3V

	DC – 20MHz	0.5V
	DC – 40MHz	0.5V （POS9040/9041）

自动方式下限频率　　　　　20Hz

外触发输入阻抗　　　　　　1MΩ，20PF

外触发最大输入电压　　　　160V（DC + AC peak）

触发源　　　　　　　　　　内，外

内触发源　　　　　　　　　CH1，VERTMODE，CH2，电源

触发方式　　　　　　　　　常态，自动，电视场，峰值自动

（3）水平系统

扫描速度　　　　　　　　　0.5s/div ~ 0.2μs/div，按1—2—5顺序分10挡

精度　　　　　　　　　　　±3%

微调范围　　　　　　　　　大于2.5:1

扫描速度　　　　　　　　　扩展×10，最快扫速20ns/div ± 8%

（4）X—Y方式

灵敏度　　　　　　　　　　同垂直系统

精度　　　　　　　　　　　±5%

频宽　　　　　　　　　　　DC：0 ~ 1MHz，AC：10Hz ~ 1MHz

相位差　　　　　　　　　　小于3°（DC – 50kHz）

（5）Z轴系统

灵敏度　　　　　　　　　　5V，低电平加亮

输入阻抗　　　　　　　　　10kΩ

频宽　　　　　　　　　　　DC – 1MHz

最大输入电压　　　　　　　50V（DC + AC peak）

（6）校正信号

波形　　　　　　　　　　　对称方波

幅度　　　　　　　　　　　0.5V ± 2%

频率　　　　　　　　　　　1kHz ± 2%

（7）示波管

有效工作面　　　　　　　　8 × 10div，1div = 10mm

发光颜色　　　　　　　　　绿色

（8）电源

电压范围　　　　　　　　　220V × 10%

频率　　　　　　　　　　　50Hz ± 2Hz

功耗　　　　　　　　　　　40VA

（9）环境条件

工作温度　　　　　　　　　0 ~ 40℃

储存温度　　　　　　　　　– 40 ~ 60℃

工作湿度　　　　　　　　　90%（40℃）

储存湿度	90%（50℃）
工作高度	5000m
非工作高度	15000m

3. 操作说明

（1）面板控制元件位置，见下图：

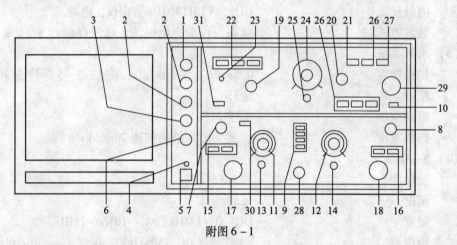

附图 6 – 1

1—亮度（INTEN），调节光迹的亮度； 2—聚焦（FOCUS）、辅助聚焦（ASTIG），调节光迹的清晰度； 3—迹线旋转（ROTATION），调节扫线与水平刻度线平行； 4—电源指示灯，电源接通时灯亮； 5—电源开关（POWER），接通或关闭电源； 6—校正信号（CAL），提供幅度为 0.5V，频率为 1kHz 的方波信号，用于校正 10:1 探极的补偿电容器和检测示波器垂直与水平的偏差因素； 7、8—垂直位移（POSITION），调节光迹在屏幕上的垂直位置； 9—垂直方式（MODE），CHI 或 CH2：通道 1 或 2 单触显示；ALT：两个通道交替显示；CHOP：两个通道断续显示，用于扫速较慢时的双踪显示；ADD：用于两个通道的代数和或差； 10—通道 2 倒相（CH2 INV），CH2 倒相开关，在 ADD 方式时使 CH1 + CH2 或 CH1 – CH2； 11、12—垂直衰减开关（VOLTS/DIV），调节垂直偏转灵敏度； 13、14—垂直微调（VAR），连续调节垂直偏转灵敏度，顺时针旋转为校正位置； 15、16—耦合方式（AC—DC—GND），选择被测信号输入垂直通道的耦合方式； 17、18—CH1 OR X，CH2 OR Y，垂直输入端或 X—Y 工作时，X、Y 输入端； 19—水平位移（POSITION），调剂光迹在屏幕上的水平位置； 20—电平（LEVEL），调节被测信号在某一电平触发扫描； 21—触发极性（SLOP），选择信号的上升沿或下降沿触发扫描； 22—触发方式（TRIG MODE），常态（NORM）：无信号时，屏幕上无显示，有信号时，与电平控制配合显示稳定波形；自动（AUTO）：无信号时，屏幕上显示光迹，有信号时，与电平控制配合显示稳定波形；电视场（TV）：用于显示电视场信号；峰值自动（P—P AUTO）：无信号时，屏幕上显示光迹，有信号时，无须调节电平即能获得稳定波形显示； 23—触发指示（TRIG'D），在触发同步时，指示灯亮； 24—水平扫速开关（SEC/DIV），调节扫描速度； 25—水平微调（VAR），连续调节扫描速度，顺时针旋转为校正位置； 26—内触发源（INT SOURCE），选择 CH1、CH2、电源或交替触发； 27—触发源选择，选择内（INT）或外（EXT）触发； 28—接地（GND），与机壳相连的接地端； 29—外触发输入（EXT），外触发输入插座； 30—X—Y 方式开关（CH1 X），选择 X—Y 工作方式； 31—扫描扩展开关，按下时扫描速扩展 10 倍

（2）操作方法

①检查电网电压

POS9000 系列示波器电源电压为 220V ± 10%，接通电源前，检查当地电源电压，如果不相符合，则严格禁止使用。

②基本操作

a. 将有关控制件按附表 6 – 1 置位。

附表 6 – 1

控制件名称 ［附图 6 – 1 对应控制件序号］	作用位置	控制件名称	作用位置
亮度（INTEN）［1］	居中	触发方式［15］	峰值自动
聚焦（FOCUS）［2］	居中	扫描速率 SEC/DIV［24］	0.5ms
位移（CH1，CH2，X） ［7］［8］［19］	居中	极性（SLOP）［21］	正
垂直方式（MODE）［9］	CH1	触发源［27］	INT
垂直衰减开关 （VOLTS/DIV）［11］［12］	10mV	内触发源［26］	CH1
微调（VAR）［13］［14］	校正位置	耦合方式［15］［16］	AC

b. 接通电源，电源指示灯亮，稍候预热，屏幕上出现光迹，分别调节亮度、聚焦、辅助聚焦、迹线旋转，使光迹清晰并与水平刻度平行。

c. 用 10∶1 探极将校正信号输入至 CH1 输入插座。

d. 调节 CH1 移位与 X 移位，使波形标准化。

e. 将探极换至 CH1 输入插座，垂直方式置于"CH2"，重复 d 操作，得到标准波形。

附录 7　GDS—806S 数字存储示波器使用说明

1. GDS—806S 面板功能

GDS—806S 示波器的面板图如附图 7 – 1 所示。

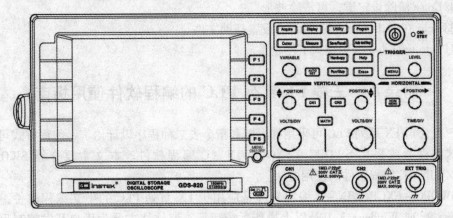

附图 7 – 1

2. GDS—806S 示波器面板各部件的作用及使用方法

（1）垂直控制（VERTICAL）

①CH1，CH2 的 POSITION 旋钮，调节波形的垂直位置。

②CH1，CH2 的菜单按钮，用于显示垂直波形功能和波形显示开关。

③VOLTS/DIV 旋钮，调节波形的垂直刻度。

（2）水平控制（HORIZONTAL）

①HORI MENU 按钮，选择水平功能的菜单。

②POSITION 旋钮，调整波形的水平位置。

③TIME/DIV 旋钮，调整波形的水平刻度。

（3）触发控制（TRIGGER）

①ON/STBY 电源开关。

②MENU 选择触发类型、触发源和触发模式。

③LEVEL 调节触发位准。

（4）其他控制

①Aoqulre 选择采集模式。

②Display 控制显示模式。

③Utlllty 选择使用功能。

④Program 设置为编程模式。

⑤Cursor 设置游标类型。

⑥VARIABLE 多功能控制旋钮。

⑦Measure 15 种自动测量通路。

⑧AUTOSET 自动调节信号轨迹的设定值按钮。

⑨Hardcopy 打印输出 LCD 显示的硬拷贝。

⑩Run/Stop 开始和停止波形的采集。

⑪Save/Recall 存储或取出波形设置。

⑫Erase 清除设定键，可清除波形。

⑬Help 在 LCD 显示屏上显示内设置帮助文件。

⑭Tuto test/stop 编程模式下停止重放。

附录8 三菱 FX 系列 PLC 的编程软件使用指南

三菱公司 FX 系列 PLC 可采用梯形图和指令表二种程序设计语言，编程方式可使用手持式编程器或采用 SWOPC – FXGP/WIN – C 编程软件。本文主要介绍 SWOPC – FXGP/WIN – C 编程软件的使用方法。

SWOPC – FXGP/WIN – C 编程软件是应用于 FX 系列 PLC 的中文编程软件，可在 Windows 9x 或 Windows 3.1 及以上操作系统运行。该软件主要为用户开发控制程序使用，同时也可对用户程序的执行状态进行实时监控。

1. SWOPC – FXGP/WIN – C 编程软件的主要功能

（1）在 SWOPC – FXGP/WIN – C 中，可通过线路符号、列表语言及 SFC 符号来创建顺序控制指令程序，建立注释数据及设置寄存器数据。

（2）创建顺控指令程序以及将其存储为文件，用打印机打印。

（3）该程序可在串行系统中与 PLC 进行通信、文件传送、操作监控以及各种测试功能。

2. 系统配置

（1）计算机

要求机型：IBM PC/AT（兼容）；CPU：486 以上；内存：8MB 或更高；显示器：分辨率为 800 × 600 点，16 色或更高。

（2）编程和通信软件

采用应用于 FX 系列 PLC 的编程软件 SWOPC – FXGP/WIN – C。

（3）通信电缆

使用专用编程电缆将 PLC SC –09 接口与计算机 COM1 或 COM2 接口连接。

3. SWOPC – FXGP/WIN – C 编程软件的安装

从安装磁盘的 FX – PCS – WIN – C 目录里双击 Setup32. exe，即可进入安装向导，如附图 8 – 1 所示。然后选择安装目录，如附图 8 – 2 所示。根据提示单击【确定】完成安装。

附图 8 – 1　安装向导

附图 8 – 2　选择安装目录

4. SWOPC – FXGP/WIN – C 编程软件的使用

首先进行硬件连接，把专用编程电缆的 PC 端连接到计算机的 RS – 232 通信口（COM1 或 COM2），把专用编程电缆的另一端连接到 PLC 的 SC –09 通信接口。

（1）起动系统

点击【开始】→【程序】→【MELSEC – F FX Applications】→【FXGP_ WIN – C】进入系统主界面，如附图 8 – 3 所示。

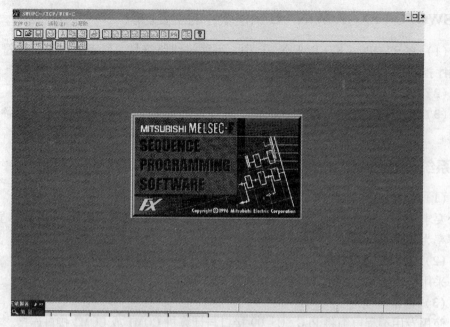

附图 8-3　打开的 SWOPC-FXGP/WIN-C 主界面窗口

（2）创建新文件

选择【文件】→【新文件】，然后在 PLC 类型设置对话框中选择顺控程序的目标 PLC 类型，单击【确认】，如附图 8-4 所示。

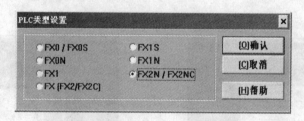

附图 8-4　PLC 类型设置对话框

（3）梯形图编程

点击 PLC 类型设置对话框确认按钮后，进入梯形图或指令表编辑环境，进行项目的设计，如附图 8-5 所示。

（4）梯形图的转换

将创建的梯形图转换格式存入计算机中，操作方法是：执行【工具】→【转换】。在转换过程中显示梯形图转换信息，如果在不完成转换的情况下关闭梯形图窗口，则被创建的梯形图会被抹去。

（5）程序的检查

执行【选项】→【程序检查】，选择相应的检查内容，然后单击【确认】，可实现对程序的检查，如附图 8-6 所示。

（6）程序的传送

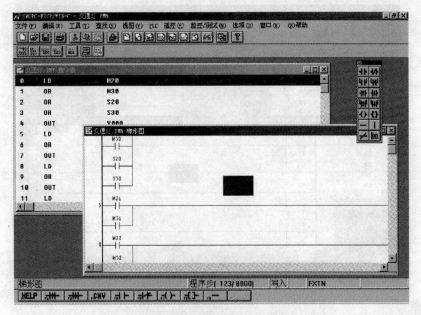

附图 8 - 5 梯形图编程环境

附图 8 - 6 程序检查窗口

设计完梯形图后，将 PLC 的"RUN/STOP"开关打到 STOP 一侧，点击【遥控】→【连接】→【至 PLC】，使控制器与个人计算机建立通信状态。

点击【PLC】→【传送】→【写出】、【PLC】→【传送】→【读入】，分别能完成向 PLC 传送程序、从 PLC 读入程序，如附图 8 - 7 所示。

传送完程序后，将 PLC "RUN/STOP"开关打到"RUN"端，即可进行程序的运行。此时可实时监控用户程序的执行状态。

注：若所用的 PLC 可编程控制器型号与程序的编程环境不相同时，将无法下载程序到 PLC 可编程控制器中，必须先改变程序的型号——点击【选项】栏下拉菜单中的【改变 PLC 类型】（如附图 8 - 8 所示），然后根据提示一直单击【确认】。

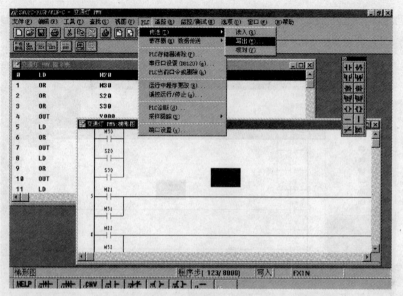

附图 8-7　PLC 菜单

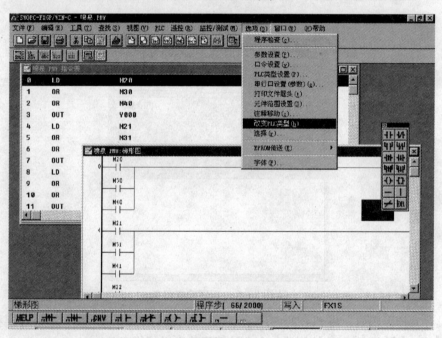

附图 8-8　改变 PLC 类型

（7）监控操作

执行【监控/测试】→【元件监控】，屏幕显示元件登录监控窗口，在此登录元件，设置好元件及显示点数，再单击【确认】。在元件测控时，可强制 PLC 输出端口（Y）输出 ON/OFF；也可强行设置或重新设置 PLC 的位元件状态，或是改变 PLC 字元件的当前值，如附图 8-9（a）、（b）、（c）所示。

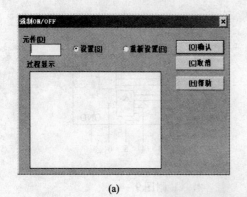

(a)

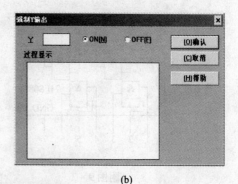

(b)

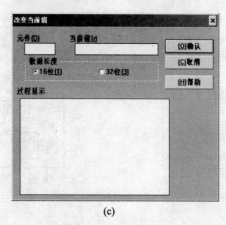

(c)

附图 8-9　元件监控/测试

附录 9　部分数字集成电路引脚图

1. 附图 9-1　74LS00 二输入四与非门
2. 附图 9-2　74LS32 二输入四或门

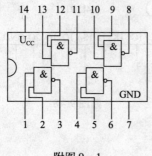

附图 9-1

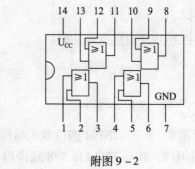

附图 9-2

3. 附图 9-3　74LS08 二输入四与门
4. 附图 9-4　74LS20 四输入二与非门

145

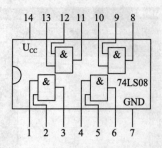

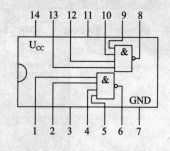

附图 9－3

附图 9－4

5. 附图 9－5　74LS86 二输入四异或门
6. 附图 9－6　74LS02 二输入四或非门

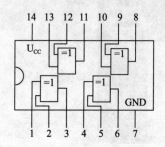

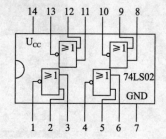

附图 9－5

附图 9－6

7. 附图 9－7　74LS74 双 D 触发器
8. 附图 9－8　74LS112 双 JK 触发器

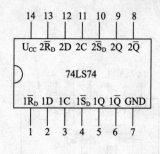

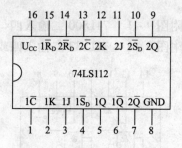

附图 9－7

附图 9－8

9. 附图 9－9　74LS194 四位双向移位寄存器
10. 附图 9－10　74LS138 3/8 线译码器

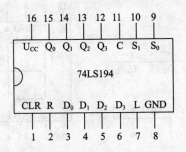

附图 9-9

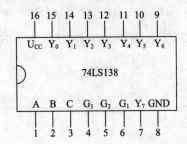

附图 9-10

11. 附图 9-11　74LS153 双四选一数据选择器

12. 附图 9-12　74LS47BCD 码七段译码器

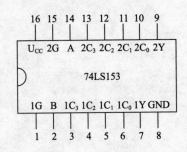

附图 9-11

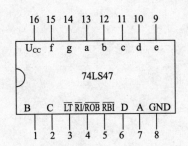

附图 9-12

13. 附图 9-13　74LS90 二—五—十进制计数器

14. 附图 9-14　74LS161 四位同步二进制加法计数器

15. 附图 9-15　74LS193 可预置的同步二进制可逆计数器

16. 附图 9-16　NE555 定时器

17. 附图 9-17　七段共阴显示数码管

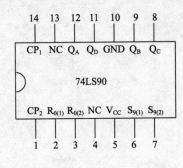

附图 9-13

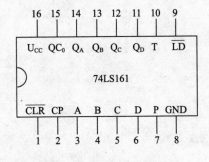

附图 9-14

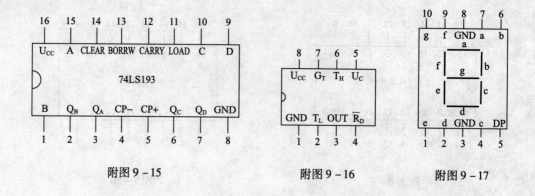

附图 9 – 15   附图 9 – 16   附图 9 – 17